CAX 工程师速查手册丛书

SolidWorks 2012 中文版
工程设计速学通

王 敏　王 宏　等编著

U0322744

机械工业出版社

本书结合具体实例由浅入深、从易到难地讲述了 SolidWorks 2012 知识的精髓，并讲解了 SolidWorks 2012 在工程设计中的应用。全书分为 9 章，分别介绍了 SolidWorks 2012 入门、草图绘制、参考几何体、草绘特征建模、放置特征建模、曲线与曲面、装配体设计、工程图绘制和传动体设计综合实例等知识。

　　附赠光盘内容为书中实例源文件及主要实例操作过程的视频动画文件。

　　本书适合作为学校和培训机构相关专业学员的教学和自学参考书，也可以作为机械和工业设计相关人员的学习参考书。

图书在版编目（CIP）数据

SolidWorks 2012 中文版工程设计速学通 / 王敏等编著. —北京：机械工业出版社，2012.10

（CAX 工程师速查手册丛书）

ISBN 978-7-111-39833-2

Ⅰ. ①S…　Ⅱ. ①王…　Ⅲ. ①计算机辅助设计－应用软件

Ⅳ. ①TP391.72

中国版本图书馆 CIP 数据核字（2012）第 224553 号

机械工业出版社（北京市百万庄大街 22 号　邮政编码 100037）

策划编辑：丁　诚　张淑谦

责任编辑：张淑谦

责任印制：**张　楠**

北京双青印刷厂印刷

2012 年 11 月第 1 版·第 1 次印刷

140mm×203mm·12.875 印张·330 千字

0001—3500 册

标准书号：ISBN 978-7-111-39833-2

　　　　　ISBN 978-7-89433-680-4（光盘）

定价：45.00 元（含 1DVD）

前　言

SolidWorks 以参数化特征造型为基础，具有功能强大、易学、易用等特点，是当前最优秀的中档三维 CAD 软件之一。

新版 SolidWorks 2012 与 SolidWorks 2011 相比，在草图绘制及特征设计等方面添加了改进功能，使产品开发流程发生根本变革，并将软件操作速度、生成连续性工作流程、设计功能等提高到一个新的水平，新一代 SolidWorks 使现有产品和创新型新功能得到改进。

本书的执笔作者都是各科研院所从事计算机辅助设计教学研究或工程设计的一线人员，他们具有丰富的教学实践经验与教材编写经验。多年的教学工作使他们能够准确地把握学生的学习心理与实际需求。在本书中，处处凝结着教育者的经验与体会，贯彻着他们的教学思想，希望能够给广大读者的学习起到抛砖引玉的作用，为广大读者的学习与自学提供一个简洁有效的方法。

书中的每个实例都是作者独立设计的真实零件，每一章都提供了独立、完整的零件制作过程，每个模块都有大型、综合的实例章节，操作步骤都有简洁的文字说明和精美的图例展示。本书的实例安排本着"由浅入深，循序渐进"的原则，力求使读者"看得懂、学得会、用得上"，能够学以致用，从而尽快掌握 SolidWorks 设计中的诀窍。

全书分为 9 章，分别介绍了 SolidWorks 2012 入门、草图绘制、参考几何体、草绘特征建模、放置特征建模、曲线与曲面、装配体设计、工程图绘制和传动体设计综合实例等知识。本书以学生工程设计能力培养为主线，以实例为牵引全面地介绍了各种工业设计零件、装配图和工程图的设计方法与技巧。全书解说翔实、图文并茂、语言简洁、思路清晰。

随书赠送的多媒体光盘包含全书所有实例的源文件和操作过程讲解 AVI 文件，可以帮助读者轻松地学习本书。

本书主要由王敏和王宏两位老师编著，参与编写的还有刘昌丽、李瑞、董荣荣、胡仁喜、康士廷、王艳池、张俊生、路纯红、王文平、周冰、李广荣、王佩楷、王兵学、王渊峰、杨雪静、袁涛、阳平华、王培合、王义发、张日晶、王玉秋。

本书在编著过程中，尽管作者反复核对、修正，但是其中错漏之处仍然在所难免，恳请专家、读者批评指正。欢迎通过电子邮件联系，电子邮箱：win760520@126.com。

编　者

目　　录

第1章

SolidWorks 2012 入门

草图
绘制

参考几
何体

草绘特
征建模

放置特
征建模

曲线与
曲面

装配体
设计

工程图
绘制

传动体
设计

　　本章主要介绍 SolidWorks 软件的基本操作，如打开和关闭文件，同时简单介绍了软件术语，对后面章节的应用起到很大作用。

1.1　SolidWorks 2012 简介

　　达索公司推出的 SolidWorks 2012 在创新性、使用的方便性以及界面的人性化等方面都得到了增强，性能和质量得到了大幅度的完善，同时加入了更多 SolidWorks 新设计功能，使产品开发流程发生了根本性的变革；支持全球性的协作和连接，增强了项目的广泛合作。

　　SolidWorks 2012 在用户界面、草图绘制、特征、成本、零件、装配体、SolidWorks Enterprise PDM、Simulation、运动算例、工程图、出样图、钣金设计、输出和输入以及网络协同等方面都得到了增强，使用户可以更方便地使用该软件。本节将介绍 SolidWorks 2012 的一些基本操作。

1.1.1　启动 SolidWorks 2012

　　SolidWorks 2012 安装完成后，就可以启动该软件了。在 Windows 操作环境下，选择屏幕左下角的"开始"→"所有程序"→"SolidWorks 2012"命令，或者双击桌面上 SolidWorks 2012

入门

草图
绘制

参考几
何体

草绘特
征建模

放置特
征建模

曲线与
曲面

装配体
设计

工程图
绘制

传动体
设计

的快捷方式图标  就可以启动该软件。图 1-1 显示了几个 SolidWorks 2012 的随机启动画面。

图 1-1　SolidWorks 2012 的随机启动画面

启动画面消失后，系统进入 SolidWorks 2012 的初始界面，初始界面中只有几个菜单栏和"标准"工具栏，如图 1-2 所示，用户可在设计过程中根据自己的需要打开其他工具栏。

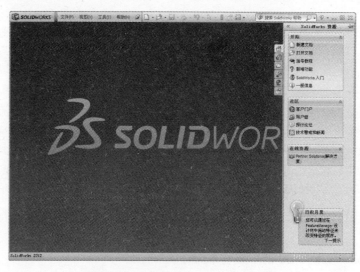

图 1-2　SolidWorks 2012 的初始界面

1.1.2　SolidWorks 术语

在学习使用一个软件之前，需要对这个软件中常用的一些术语进行简单了解，从而避免一些语言理解上的歧义。

1. 窗口

SolidWorks 文件窗口（见图 1-3）分为两个部分：

图 1-3　文件窗口

窗口的左侧部分包含以下项目。

● FeatureManager 设计树列出了零件、装配体或工程图的结构。
● 属性管理器提供了绘制草图及与 SolidWorks 2012 应用程序交互的另一种方法。
● ConfigurationManager 提供了在文件中生成、选择和查看零件及装配体的多种配置的方法。

窗口的右侧部分为图形区域，用于生成和操纵零件、装配体或工程图。

2. 控标

控标允许用户在不退出图形区域的情形下，动态地拖动和设置某些参数，如图 1-4 所示。

3. 常用模型术语（见图 1-5）

● 顶点：顶点为两个或多个直线或边线相交之处的点。顶点可选作绘制草图、标注尺寸以及许多其他用途。
● 面：面为模型或曲面的所选区域（平面或曲面），模型或

入门

草图绘制

参考几何体

草绘特征建模

放置特征建模

曲线与曲面

装配体设计

工程图绘制

传动体设计

入门

草图
绘制

参考几
何体

草绘特
征建模

放置特
征建模

曲线与
曲面

装配体
设计

工程图
绘制

传动体
设计

曲面带有边界，可帮助定义模型或曲面的形状。如矩形实体有 6 个面。

● 原点：模型原点显示为蓝色，代表模型的(0，0，0)坐标。当激活草图时，草图原点显示为红色，代表草图的(0，0，0)坐标。尺寸和几何关系可以加入到模型原点，但不能加入到草图原点。

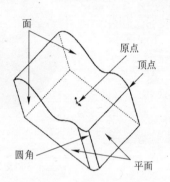

图 1-4　控标　　　　　　　图 1-5　常用模型术语

● 平面：平面是平的构造几何体。平面可用于绘制草图、生成模型的剖面视图以及用于拔模特征中的中性面等。

● 轴：轴为穿过圆锥面、圆柱体或圆周阵列中心的直线。插入轴有助于建造模型特征或阵列。

● 圆角：圆角为草图内、曲面或实体上的角或边的内部圆形。

● 特征：特征为单个形状，如与其他特征结合则构成零件。有些特征（如凸台和切除）由草图生成；有些特征（如抽壳和圆角）则为修改特征而成的几何体。

● 几何关系：几何关系为草图实体之间或草图实体与基准面、基准轴、边线或顶点之间的几何约束，可以自动或手动添加这些项目。

● 模型：模型为零件或装配体文件中的三维实体几何体。

● 自由度：没有由尺寸或几何关系定义的几何体可自由移动。在二维草图中，有 3 种自由度：沿 X 和 Y 轴移动以及绕 Z

轴旋转（垂直于草图平面的轴）。在三维草图中，有 6 种自由度：沿 X、Y 和 Z 轴移动，以及绕 X、Y 和 Z 轴旋转。

● 坐标系：坐标系为平面系统，用来给特征、零件和装配体指定笛卡儿坐标。零件和装配体文件包含默认坐标系；其他坐标系可以用参考几何体定义，用于测量工具以及将文件输出到其他文件格式。

1.1.3 SolidWorks 用户界面

新建一个零件文件后，进入 SolidWorks 2012 用户界面，如图 1-6 所示。其中包括菜单栏、工具栏、特征管理区、图形区和状态栏等。

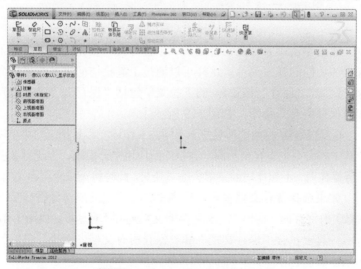

图 1-6 SolidWorks 的用户界面

装配体文件和工程图文件与零件文件的用户界面类似，在此不再赘述。

菜单栏包含了所有 SolidWorks 的命令，工具栏可根据文件类型（零件、装配体或工程图）来调整和置置并设定其显示状态。SolidWorks 用户界面底部的状态栏可以提供设计人员正在执行的功能的有关信息。下面介绍该用户界面的一些基本功能。

入门

草图
绘制

参考几
何体

草绘特
征建模

放置特
征建模

曲线与
曲面

装配体
设计

工程图
绘制

传动体
设计

1. 菜单栏

菜单栏显示在标题栏的下方，默认情况下菜单栏是隐藏的，只显示"标准"工具栏，如图 1-7 所示。

图 1-7 "标准"工具栏

要显示菜单栏需要将光标移动到 SolidWorks 图标 **SOLIDWORKS** 上或单击它，显示的菜单栏如图 1-8 所示。若要始终保持菜单栏可见，需要将"图钉"图标更改为钉住状态，其中最关键的功能集中在"插入"菜单和"工具"菜单中。

图 1-8 菜单栏

通过单击工具栏按钮旁边的"下移方向"按钮，可以打开带有附加功能的弹出菜单。这样可以通过工具栏访问更多的菜单命令。例如，"保存"按钮的下拉菜单包括"保存"、"另存为"和"保存所有"命令，如图 1-9 所示。

SolidWorks 的菜单项对应于不同的工作环境，其相应的菜单以及其中的命令也会有所不同。在以后的应用中会发现，当进行某些任务操作时，不起作用的菜单会临时变灰，此时将无法应用该菜单。

如果选择保存文档提示，则当文档在指定间隔（分钟或更改次数）内保存时，将出现"未保存的文档通知"对话框，如图 1-10 所示。其中包含"保存文档"和"保存所有文档"命令，它们将在几秒后淡化消失。

图 1-9 "保存"按钮的
下拉菜单

图 1-10 "未保存的文档通知"
对话框

2. 工具栏

SolidWorks 中有很多可以按需要显示或隐藏的内置工具栏。

选择菜单栏中的"视图"→"工具栏"命令，或者在工具栏区域右击，弹出"工具栏"菜单。选择"自定义"命令，在打开的"自定义"对话框中勾选"视图"复选框，会出现浮动的"视图"工具栏，可以自由拖动将其放置在需要的位置上，如图 1-11 所示。

草图
绘制

参考几
何体

草绘特
征建模

放置特
征建模

曲线与
曲面

装配体
设计

工程图
绘制

传动体
设计

图 1-11　调用"视图"工具栏

此外，还可以设定哪些工具栏在没有文件打开时可显示，或者根据文件类型（零件、装配体或工程图）来放置工具栏并设定其显示状态（自定义、显示或隐藏）。例如，保持"自定义"对话框的打开状态，在 SolidWorks 用户界面中，可对工具栏按钮进行如下操作。

入门

草图
绘制

参考几
何体

草绘特
征建模

放置特
征建模

曲线与
曲面

装配体
设计

工程图
绘制

传动体
设计

● 从工具栏上一个位置拖动到另一位置。

● 从一工具栏拖动到另一工具栏。

● 从工具栏拖动到图形区中，即从工具栏上将之移除。

有关工具栏命令的各种功能和具体操作方法将在后面的章节中作具体的介绍。

在使用工具栏或工具栏中的命令时，将光标移动到工具栏图标附近，会弹出消息提示，显示该工具的名称及相应的功能，如图 1-12 所示，显示一段时间后，该提示会自动消失。

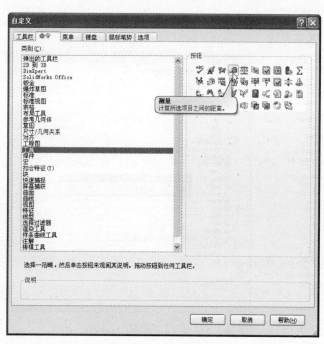

图 1-12　消息提示

3. 状态栏

状态栏位于 SolidWorks 用户界面底端的水平区域，提供了当前窗口中正在编辑的内容的状态，以及指针位置坐标、草图状态等信息的内容。典型信息如下。

- "重建模型"按钮⑧：在更改了草图或零件而需要重建模型时，"重建模型"按钮会显示在状态栏中。

- 草图状态：在编辑草图过程中，状态栏中会出现 5 种草图状态，即完全定义、过定义、欠定义、没有找到解、发现无效的解。在零件完成之前，最好完全定义草图。

- 快速提示帮助图标：它会根据 SolidWorks 的当前模式给出提示和选项，使得使用更方便快捷，对于初学者来说这是很有用的。快速提示因具体模式而异，其中，按钮☑表示可用，但当前未显示；按钮☒表示当前已显示，单击可关闭快速提示；按钮☒表示当前模式不可用；按钮□表示暂时禁用。

4. FeatureManager 设计树

FeatureManager 设计树位于 SolidWorks 用户界面的左侧，是 SolidWorks 中比较常用的部分，它提供了激活的零件、装配体或工程图的大纲视图，从而可以方便地查看模型或装配体的构造情况，或者查看工程图中的不同图样和视图。

FeatureManager 设计树和图形区是动态链接的。在使用时可以在任何窗格中选择特征、草图、工程视图和构造几何线。FeatureManager 设计树可以用来组织和记录模型中各个要素及要素之间的参数信息和相互关系，以及模型、特征和零件之间的约束关系等，几乎包含了所有设计信息。FeatureManager 设计树如图 1-13 所示。

对 FeatureManager 设计树的熟练操作是应用 SolidWorks 的基础，也是应用 SolidWorks 的重点，由于其功能强大，不能一一列举，在后几章节中会多次用到，只有在学习的过程中熟练应用设计树的功能，才能加快建模的速度和效率。

5. PropertyManager 标题栏

PropertyManager 标题栏一般会在初始化时使用，Property Manager 为其定义命令时自动出现。编辑草图并选择草图特征进

入门

草图
绘制

参考几
何体

草绘特
征建模

放置特
征建模

曲线与
曲面

装配体
设计

工程图
绘制

传动体
设计

行编辑时，如图 1-14 所示，所选草图特征的 PropertyManager 将自动出现。

激活 PropertyManager 时，FeatureManager 设计树会自动出现。欲扩展 FeatureManager 设计树，可以在其中单击文件名称左侧的按钮"+"。FeatureManager 设计树是透明的，因此不影响对其下面模型的修改。

图 1-13　FeatureManager 设计树

图 1-14　在 FeatureManager 设计树中更改项目名称

1.2　文件管理

SolidWorks 常见的文件管理工作有新建文件、打开文件、保存文件、退出系统等，下面进行简要介绍。

1.2.1　新建文件

单击"标准"工具栏中的"新建"按钮 □，弹出"新建 SolidWorks 文件"对话框，如图 1-15 所示，其按钮的功能如下。

● "零件"按钮 ：双击该按钮，可以生成单一的三维零部件文件。

● "装配体"按钮 ：双击该按钮，可以生成零件或其他装配体的排列文件。

● "工程图"按钮 ：双击该按钮，可以生成属于零件或装配体的二维工程图文件。

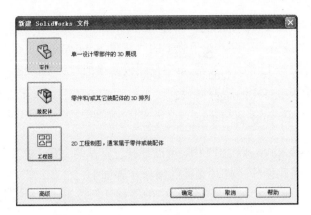

图 1-15 "新建 SolidWorks 文件"对话框

单击"零件" ➧→"确定"按钮,即进入完整的用户界面。

在 SolidWorks 2012 中,"新建 SolidWorks 文件"对话框有两个版本可供选择,一个是高级版本,一个是新手版本。

高级版本在各个标签上显示模板图标的对话框,当选择某一文件类型时,模板预览出现在预览框中。在该版本中,用户可以保存模板,添加自己的标签,也可以选择 tutorial 标签来访问指导教程模板,如图 1-16 所示。

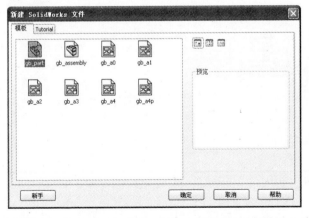

图 1-16 新手版本的"新建 SolidWorks 文件"对话框

在如图 1-16 所示的"新建 SolidWorks 文件"对话框中单击"新手"按钮，即进入新手版本的"新建 SolidWorks 文件"对话框，如图 1-15 所示。该版本中使用较简单的对话框，提供零件、装配体和工程图文档的说明。

1.2.2 打开文件

在 SolidWorks 2012 中，可以打开已存储的文件，对其进行相应的编辑和操作。打开文件的操作步骤如下。

（1）单击"标准"工具栏中的"打开"按钮，执行打开文件命令。

（2）系统弹出如图 1-17 所示的"打开"对话框，在该对话框的"文件类型"下拉列表框中选择文件的类型，选择不同的文件类型，在对话框中会显示文件夹中对应文件类型的文件。勾选"缩略图"复选框，选择的文件就会显示在对话框的"预览"窗口中，但是并不打开该文件。

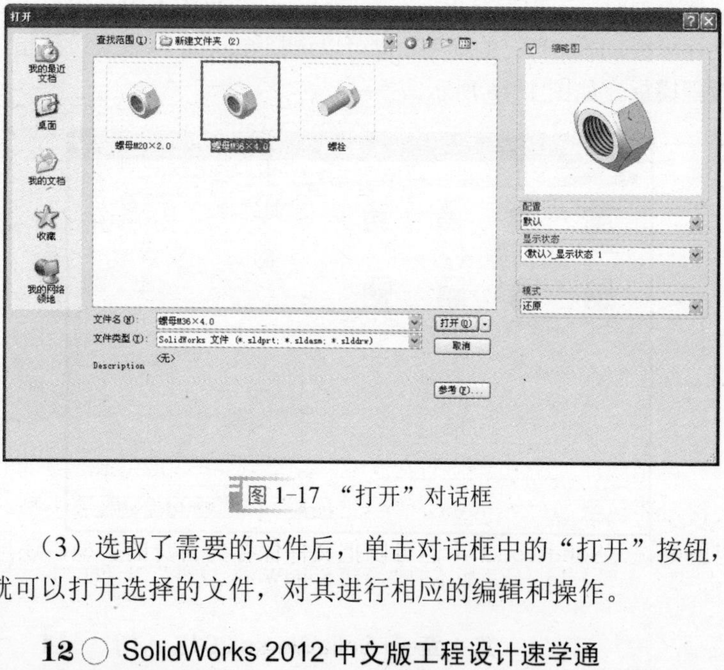

图 1-17 "打开"对话框

（3）选取了需要的文件后，单击对话框中的"打开"按钮，就可以打开选择的文件，对其进行相应的编辑和操作。

（4）在"文件类型"下拉列表框菜单中，并不限于 SolidWorks 类型的文件，还可以调用其他软件（如 Pro/E、CATIA、UG 等）所形成的图形并对其进行编辑，如图 1 18 所示为"文件类型"下拉列表框。

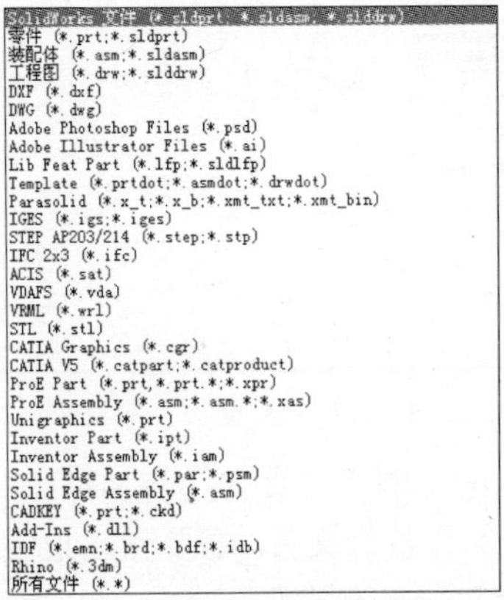

```
SolidWorks 文件 (*.sldprt; *.sldasm; *.slddrw)
零件 (*.prt;*.sldprt)
装配体 (*.asm;*.sldasm)
工程图 (*.drw;*.slddrw)
DXF (*.dxf)
DWG (*.dwg)
Adobe Photoshop Files (*.psd)
Adobe Illustrator Files (*.ai)
Lib Feat Part (*.lfp;*.sldlfp)
Template (*.prtdot;*.asmdot;*.drwdot)
Parasolid (*.x_t;*.x_b;*.xmt_txt;*.xmt_bin)
IGES (*.igs;*.iges)
STEP AP203/214 (*.step;*.stp)
IFC 2x3 (*.ifc)
ACIS (*.sat)
VDAFS (*.vda)
VRML (*.wrl)
STL (*.stl)
CATIA Graphics (*.cgr)
CATIA V5 (*.catpart;*.catproduct)
ProE Part (*.prt;*.prt.*;*.xpr)
ProE Assembly (*.asm;*.asm.*;*.xas)
Unigraphics (*.prt)
Inventor Part (*.ipt)
Inventor Assembly (*.iam)
Solid Edge Part (*.par;*.psm)
Solid Edge Assembly (*.asm)
CADKEY (*.prt;*.ckd)
Add-Ins (*.dll)
IDF (*.emn;*.brd.bdf;*.idb)
Rhino (*.3dm)
所有文件 (*.*)
```

图 1-18 "文件类型"下拉列表框

1.2.3 保存文件

已编辑的图形只有保存后，才能在需要时打开该文件对其进行相应的编辑和操作。保存文件的操作步骤如下。

单击"标准"工具栏中的"保存"按钮 🖫，执行保存文件命令，此时系统弹出如图 1-19 所示的"另存为"对话框。在该对话框的"保存在"下拉列表框中选择文件存放的文件夹，在"文件名"文本框中输入要保存的文件名称，在"保存类型"下拉列表框中选择所保存文件的类型。通常情况下，在不同的工作模式下，系统会自动设置文件的保存类型。

在"保存类型"下拉列表框中，并不限于 SolidWorks 类型的文件，还包括如"*.sldprt"、"*.sldasm"和"*.slddrw"等类型。也就是说，SolidWorks 不但可以把文件保存为自身的类型，还可以保存为其他类型的文件，方便其他软件对其调用并进行编辑。

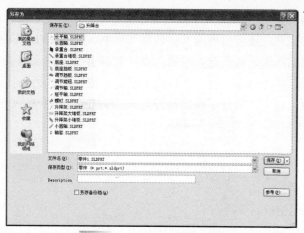

图 1-19 "另存为"对话框

在如图 1-19 所示的"另存为"对话框中，可以将文件保存的同时备份一份。保存备份文件，需要预先设置保存的文件目录。设置备份文件保存目录的步骤如下。

选择菜单栏中的"工具"→"选项"命令，系统弹出如图 1-20 所示的"系统选项-备份/恢复"对话框，单击"系统选项"选项卡中的"备份/恢复"按钮，在"备份文件夹"文本框中可以修改保存备份文件的目录。

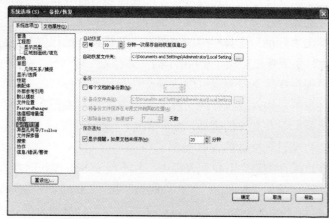

图 1-20 "系统选项-备份/恢复"对话框

1.2.4 退出

在文件编辑并保存完成后，就可以退出 SolidWorks 2012 系统。单击系统操作界面右上角的"退出"按钮❌，可直接退出。

如果对文件进行了编辑而没有保存文件，或者在操作过程中，不小心执行了退出命令，会弹出系统提示框，如图 1-21 所示。如果要保存对文件的修改，则单击"是"按

图 1-21　系统提示框

钮，系统会保存修改后的文件，并退出 SolidWorks 系统；如果不保存对文件的修改，则单击"否"按钮，系统不保存修改后的文件，并退出 SolidWorks 系统；单击"取消"按钮，则取消退出操作，回到原来的操作界面。

草图
绘制

参考几
何体

草绘特
征建模

放置特
征建模

曲线与
曲面

装配体
设计

工程图
绘制

传动体
设计

入门

草图
绘制

参考几
何体

草绘特
征建模

放置特
征建模

曲线与
曲面

装配体
设计

工程图
绘制

传动体
设计

第2章

草 图 绘 制

本章主要介绍"草图"工具栏中草图绘制工具的使用方法。由于 SolidWorks 中大部分特征都需要先建立草图轮廓,因此本节的学习非常重要,能否熟练掌握草图的绘制和编辑方法,决定了能否快速三维建模、能否提高工程设计的效率,以及能否灵活地把该软件应用到其他领域。

2.1 草图环境的进退方法

本节主要介绍如何进入草图绘制环境以及退出草图绘制状态。

2.1.1 进入草图绘制

要绘制二维草图,必须进入草图绘制状态。草图必须在平面上绘制,这个平面可以是基准面,也可以是三维模型上的平面。由于开始进入草图绘制状态时,没有三维模型,因此须指定基准面,操作步骤如下。

(1)先在特征管理区中选择要绘制的基准面,即前视基准面、右视基准面和上视基准面中的一个面。

(2)单击"标准视图"工具栏中的"正视于"按钮,旋转基准面。

(3)单击"草图"工具栏中的"草图绘制"按钮,或者单击要绘制的草图实体,进入草图绘制状态。

2.1.2 退出草图绘制

草图绘制完毕后，可立即建立特征，也可以退出草图绘制再建立特征。有些特征的建立需要多个草图，如扫描实体等，因此需要了解退出草图绘制的方法，其操作步骤如下。

（1）单击右上角"退出草图"按钮，完成草图，退出草图绘制状态。

（2）单击右上角"关闭草图"按钮×，弹出系统提示框，提示用户是否保存对草图的修改，如图 2-1 所示，然后根据需要单击其中的按钮，退出草图绘制状态。

图 2-1　系统提示框

2.2　草图绘制实体工具

绘制草图必须认识草图绘制的工具。在工具栏空白处单击右键弹出快捷菜单，如图 2-2 所示，选择"草图"命令，弹出如图 2-3 所示的"草图"工具栏。

图 2-2　快捷菜单　　　　图 2-3　"草图"工具栏

在左侧模型树中选择要绘制的基准面（前视基准面、右视基准面和上视基准面中的一个面），单击"草图"工具栏中的"草图绘制"按钮🖉或者单击要绘制的草图实体，如图 2-4 所示，进入草图绘制状态。

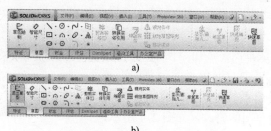

a)

b)

图 2-4　进入草图绘制状态

a) 进入草图环境前　b) 进入草图环境后

在图 2-4 中显示常见的草图工具，下面在草图绘制状态下，分别介绍本节命令。

2.2.1　点

◆　执行方式：

"草图"→"点"按钮⊛（见图 2-4）。

◆　选项说明：

执行"点"命令后，光标 ⬚ 变为绘图光标 ⬚。

执行"点"命令后，在图形区中的任何位置都可以绘制点，如图 2-5 所示。绘制的点不影响三维建模的外形，只起参考作用。

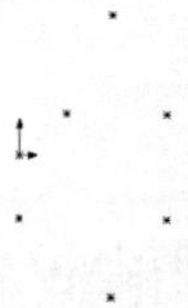

"点"命令还可以生成草图中两条不平行线段的交点以及特征实体中两个不平行边缘的交点，产生的交点作为辅助图

图 2-5　绘制点

形，用于标注尺寸或者添加几何关系，并不影响实体模型的建立。

18 ○ SolidWorks 2012 中文版工程设计速学通

2.2.2　直线与中心线

◆ 执行方式：

"草图"→"中心线"按钮┆（见图2-6）。

"草图"→"直线"按钮＼（见图2-6）。

◆ 选项说明：

执行"直线"命令后，光标变为绘图光标＼，开始绘制直线。系统弹出

图 2-6　"线"按钮

的"插入线条"属性管理器如图2-7所示，在"方向"选项组中有4个单选钮，默认为"按绘图原样"选项。选择不同的选项，绘制直线的类型不一样。选择"按绘图原样"单选钮以外的任意一项，均会要求输入直线的参数。如选择"角度"单选钮，弹出的"插入线条"属性管理器如图2-8所示，要求输入直线的参数。设置好参数以后，单击直线的起点就可以绘制出所需要的直线。

（1）在"插入线条"属性管理器的"选项"选项组中有两个复选框，勾选不同的复选框，可以分别绘制构造线和无限长直线。

（2）在"插入线条"属性管理器的"参数"选项组中有两个文本框，分别是"长度"文本框和"角度"文本框。通过设置这两个参数可以绘制一条直线。

图 2-7　"插入线条"属性管理器

图 2-8　"插入线条"属性管理器

直线与中心线的绘制方法相同，执行不同的命令，按照类似

入门

草图绘制

参考几何体

草绘特征建模

放置特征建模

曲线与曲面

装配体设计

工程图绘制

传动体设计

入门

草图
绘制

参考几
何体

草绘特
征建模

放置特
征建模

曲线与
曲面

装配体
设计

工程图
绘制

传动体
设计

的操作步骤，在图形区绘制相应的图形即可。

直线分为 3 种类型，即水平直线、竖直直线和任意角度直线。在绘制过程中，不同类型的直线其显示方式不同，下面将分别介绍。

- 水平直线：在绘制直线过程中，笔形光标附近会出现水平直线图标符号 ▬，如图 2-9 所示。
- 竖直直线：在绘制直线过程中，笔形光标附近会出现竖直直线图标符号 ❙，如图 2-10 所示。
- 任意角度直线：在绘制直线过程中，笔形光标附近会出现任意直线图标符号 ＼，如图 2-11 所示。

在绘制直线的过程中，光标上方显示的参数为直线的长度和角度，可供参考。一般在绘制中，首先绘制一条直线，然后标注尺寸，直线也会随之改变长度和角度。

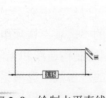

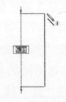

图 2-9　绘制水平直线　　　　图 2-10　绘制竖直直线

绘制直线的方式有两种：拖动式和单击式。拖动式就是在绘制直线的起点，按住鼠标左键开始拖动鼠标，直到直线终点放开；单击式就是在绘制直线的起点处单击一下，然后在直线终点处单击一下。图 2-12 所示为绘制的图形。

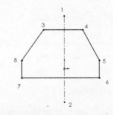

图 2-11　绘制任意角度直线　　　　图 2-12　绘制中心线

入门

草图
绘制

参考几
何体

草绘特
征建模

放置特
征建模

曲线与
曲面

装配体
设计

工程图
绘制

传动体
设计

2.2.3　实例——阀杆草图

本例绘制的阀杆草图如图 2-13 所示。

绘制步骤

（1）设置草绘平面。在左侧的 FeatureMannger 设计树中选择"前视基准面"作为绘图基准面。单击"前导"工具栏中的"正视于"按钮，旋转基准面。

（2）绘制草图。单击"草图"工具栏中的"草图绘制"按钮，进入草图绘制状态。

（3）绘制中心线。单击"草图"工具栏中的"中心线"按钮，绘制过原点竖直中心线，如图 2-14 所示。

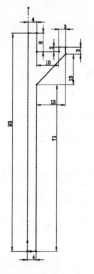

图 2-13　阀杆草图　　　　　图 2-14　绘制中心线

（4）绘制直线。单击"草图"工具栏中的"直线"按钮，绘制过程中显示尺寸标注，输入直线长度，如图 2-15 所示，在图形区绘制阀杆草图，图形尺寸如图 2-13 所示。

入门

草图
绘制

参考几
何体

草绘特
征建模

放置特
征建模

曲线与
曲面

装配体
设计

工程图
绘制

传动体
设计

✳ 注意

利用后面章节"旋转-凸台/基体"命令旋转草图，结果如图 2-16 所示。

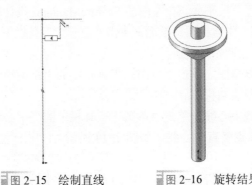

图 2-15　绘制直线　　　　图 2-16　旋转结果

2.2.4　绘制圆

◆ 执行方式：

"草图"→"圆"按钮 ⊙（见图 2-17）。

"草图"→"周边圆"按钮 ⊕（见图 2-17）。

◆ 选项说明：

当执行"圆"命令时，系统弹出的"圆"属性管理器如图 2-18 所示。从属性管理器中可以知道，可以通过两种方式来绘制圆：一种是绘制基于中心的圆（见图 2-19），另一种是绘制基于周边的圆（见图 2-20）。

图 2-17　"圆"命令

图 2-18　"圆"属性管理器

入门

草图
绘制

参考几
何体

草绘特
征建模

放置特
征建模

曲线与
曲面

装配体
设计

工程图
绘制

传动体
设计

圆绘制完成后，可以通过拖动修改圆草图。通过鼠标左键拖动圆的周边可以改变圆的半径，拖动圆的圆心可以改变圆的位置。同时，也可以通过如图 2-18 所示的"圆"属性管理器修改圆的属性，通过属性管理器中"参数"选项修改圆心坐标和圆的半径。

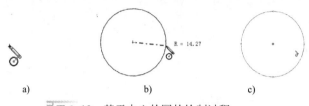

a)   b)   c)

图 2-19   基于中心的圆的绘制过程

a) 确定圆心   b) 确定半径   c) 确定圆

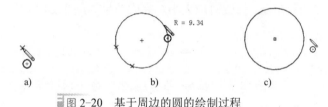

a)   b)   c)

图 2-20   基于周边的圆的绘制过程

a) 确定周边圆上一点   b) 拖动绘制圆   c) 确定圆

2.2.5   实例——挡圈草图

本例绘制挡圈草图如图 2-21 所示。

绘制步骤

（1）设置草绘平面。在左侧的"FeatureMannger 设计树"中选择"前视基准面"作为绘图基准面，单击"前导"工具栏中的"正视于"按钮，旋转基准面。

（2）绘制草图。单击"草图"工具栏中的"草图绘制"按钮，进入草图绘制状态。

（3）绘制圆。单击"草图"工具栏中的"圆"按钮，弹出"圆"属性管理器，勾选"添加尺寸"复选框，以原点为圆心绘制

入门

草图
绘制

参考几
何体

草绘特
征建模

放置特
征建模

曲线与
曲面

装配体
设计

工程图
绘制

传动体
设计

适当大小的圆，如图 2-22 所示。

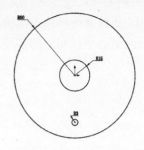

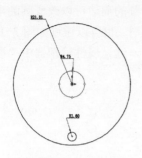

图 2-21　挡圈草图　　　　　　图 2-22　绘制圆

（4）双击图 2-22 中圆的半径值，弹出"修改"对话框，如图 2-23 所示，修改对应大小，完成结果如图 2-24 所示。

 注意

利用后面章节"拉伸-凸台/基体"命令拉伸草图，结果如图 2-25 所示。

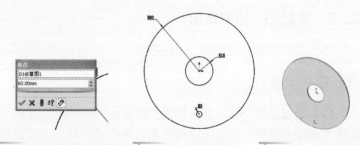

图 2-23　"修改"对话框　　图 2-24　修改圆尺寸　　图 2-25　拉伸结果

2.2.6　绘制圆弧

◆ 执行方式：

"草图"→"圆心/起/终点画弧"按钮 等（见图 2-26）。

◆ 选项说明：

● 执行"圆弧"命令，弹出"圆弧"属性管理器，如图 2-27 所示，同时可在管理器中选择其他绘制圆弧的方式。

图 2-26 "圆弧"按钮　　图 2-27 "圆弧"属性管理器

● "圆心/起/终点画弧"命令是先指定圆弧的圆心，然后顺序拖动光标指定圆弧的起点和终点，确定圆弧的大小和方向，如图 2-28 所示。

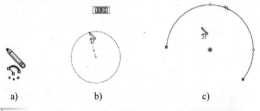

　　a)　　　　　　　b)　　　　　　　c)

图 2-28 用"圆心/起/终点画弧"命令绘制圆弧

a) 确定圆弧圆心　b) 拖动确定起点　c) 拖动确定终点

● "切线弧"是指生成一条与草图实体相切的弧线。草图实体可以是直线、圆弧、椭圆和样条曲线等，如图 2-29 所示。

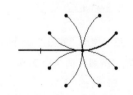

图 2-29 用"切线弧"命令绘制的 8 种切线弧

● "三点圆弧"是通过起点、终点与中点的方式

入门

草图
绘制

参考几
何体

草绘特
征建模

放置特
征建模

曲线与
曲面

装配体
设计

工程图
绘制

传动体
设计

绘制圆弧，如图 2-30 所示。

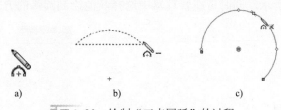

图 2-30   绘制"三点圆弧"的过程

a) 确定起点   b) 确定终点   c) 确定中点

- 使用"直线"命令转换为绘制"圆弧"的状态，必须先将光标拖回至终点，然后拖出才能绘制圆弧，如图 2-31 所示。也可以在此状态下右击，此时系统弹出的快捷菜单如图 2-32 所示，单击"转到圆弧"命令即可绘制圆弧，同样在绘制圆弧的状态下，单击快捷菜单中的"转到直线"命令，如图 2-33 绘制直线。

图 2-31   使用"直线"命令绘制圆弧的过程

图 2-32   使用"直线"命令   图 2-33   "转到直线"命令

绘制"圆弧"的快捷菜单

2.2.7   实例——垫片草图

本例绘制的垫片草图如图 2-34 所示。

入门

草图
绘制

参考几
何体

草绘特
征建模

放置特
征建模

曲线与
曲面

装配体
设计

工程图
绘制

传动体
设计

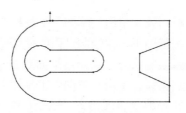

图 2-34　垫片草图

绘制步骤

（1）设置草绘平面。在左侧的"FeatureMannger 设计树"中选择"前视基准面"作为绘图基准面，单击"前导"工具栏中的"正视于"按钮↓，旋转基准面。

（2）绘制草图。单击"草图"工具栏中的"草图绘制"按钮 ，进入草图绘制状态。

（3）绘制直线。单击"草图"工具栏中的"直线"按钮，弹出"插入线条"属性管理器，如图 2-35所示，绘制三段直线，如图 2-36 所示。

图 2-35　"插入线条"属性管理器

（4）绘制圆心圆弧。单击"草图"工具栏中的"圆心/起/终点画弧"按钮 ，在点 1、2 连接线上捕捉中点为圆心，捕捉绘制图 2-36 中的 1、2 点为圆弧起点及端点，完成圆弧绘制，结果如图 2-37 所示。

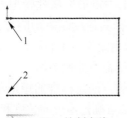

图 2-36　绘制直线

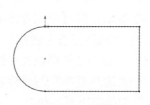

图 2-37　绘制圆弧

入门

草图
绘制

参考几
何体

草绘特
征建模

放置特
征建模

曲线与
曲面

装配体
设计

工程图
绘制

传动体
设计

（5）绘制直线圆弧。单击"草图"工具栏中的"直线"按钮 ，绘制轮廓线内部图形，在绘制过程中鼠标先向外拖动再拖回起点，转换为圆弧绘制状态，绘制结果如图 2-38 所示。

（6）绘制三点圆弧。单击"草图"工具栏中的"三点圆弧"按钮，捕捉上步绘制的直线端点，结果如图 2-39 所示。

（7）绘制直线。单击"草图"工具栏中的"直线"按钮，在外轮廓内部绘制直线，完成图形如图 2-34 所示。

�֍ 注意

利用后面章节"拉伸-凸台/基体"命令拉伸草图，结果如图 2-40 所示。

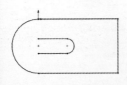 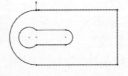 

图 2-38 绘制直线圆弧   图 2-39 绘制三点圆弧   图 2-40 拉伸结果

2.2.8 绘制矩形

◆ 执行方式：

"草图"→"边角矩形"按钮 □ 等（见图 2-41）。

◆ 选项说明：

执行前三种"圆弧"命令，弹出"矩形"属性管理器，如图 2-42 所示，同时可在管理器中选择其他绘制矩形的方式。

绘制矩形的方法主要有 5 种：边角矩形、中心矩形、3 点边角矩形、3 点中心矩形以及平行四边形命令绘制矩形。

（1）"边角矩形"命令绘制矩形的方法是标准的矩形草图绘制方法，即指定矩形的左上与右下的端点确定矩形的长度和宽度，绘制过程如图 2-43 所示。

入门

草图
绘制

参考几
何体

草绘特
征建模

放置特
征建模

曲线与
曲面

装配体
设计

工程图
绘制

传动体
设计

图 2-41 绘制矩形的快捷菜单 　　　图 2-42 "矩形"属性管理器

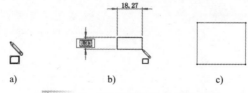

a) 　　　　　 b) 　　　　　 c)

图 2-43 "边角矩形"绘制过程

a) 确定第一角点　b) 确定第二角点　c) 绘制结果

（2）"中心矩形"命令绘制矩形的方法是指定矩形的中心与右上的端点确定矩形的中心和 4 条边线，绘制过程如图 2-44 所示。

a) 　　　　　 b) 　　　　　 c)

图 2-44 "中心矩形"绘制过程

a) 确定中心点　b) 确定第二点　c) 绘制结果

第 2 章 ● 草图绘制 ◯ 29

入门

草图
绘制

参考几
何体

草绘特
征建模

放置特
征建模

曲线与
曲面

装配体
设计

工程图
绘制

传动体
设计

（3）"三点边角矩形"命令是指通过制定 3 个点来确定矩形，前面两个点来定义角度和一条边，第 3 点来确定另一条边，绘制过程如图 2-45 所示。

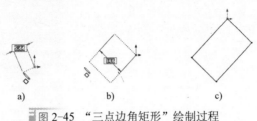

图 2-45 "三点边角矩形"绘制过程

a) 确定第一角点　b) 确定第二角点　c) 确定第三角点

（4）"三点中心矩形"命令是通过制定 3 个点来确定矩形，绘制过程如图 4-46 所示。

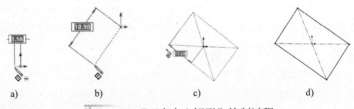

图 2-46 "三点中心矩形"绘制过程

a) 确定中心点　b) 确定第二点　c) 确定第三点　d) 结果

（5）"平行四边形"命令既可以生成平行四边形，也可以生成边线与草图网格线不平行或不垂直的矩形，绘制过程如图 2-47 所示。

图 2-47 "平行四边形"绘制过程

a) 确定第一点　b) 确定第二点　c) 确定第三点　d) 绘制结果

矩形绘制完毕后，按住鼠标左键拖动矩形的一个角点，可以动态地改变四边的尺寸。

按住〈Ctrl〉键，移动光标可以改变平行四边形的形状。

入门

草图
绘制

参考几
何体

草绘特
征建模

放置特
征建模

曲线与
曲面

装配体
设计

工程图
绘制

传动体
设计

2.2.9 实例——机械零件草图

本例绘制的机械零件草图如图 2-48 所示。

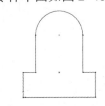

图 2-48 机械零件草图

绘制步骤

（1）设置草绘平面。在左侧的"FeatureMannger 设计树"中选择"前视基准面"作为绘图基准面。单击"前导"工具栏中的"正视于"按钮，旋转基准面。

（2）绘制草图。单击"草图"工具栏中的"草图绘制"按钮，进入草图绘制状态。

（3）绘制边角矩形。单击"草图"工具栏中的"边角矩形"按钮，在图形区绘制适当大小矩形，绘制过程和结果如图 2-49 和图 2-50 所示。

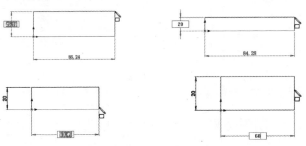

图 2-49 矩形绘制过程

（4）绘制中心矩形。单击"草图"工具栏中的"中心矩形"

入门

草图
绘制

参考几
何体

草绘特
征建模

放置特
征建模

曲线与
曲面

装配体
设计

工程图
绘制

传动体
设计

按钮，捕捉上步绘制矩形上端水平直线终点为中心，利用鼠标向外拖动绘制适当矩形，结果如图 2-51 所示。

图 2-50　绘制结果

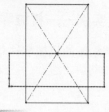

图 2-51　绘制中心矩形

（5）绘制三点矩形。单击"草图"工具栏中的"三点圆弧"按钮，捕捉中心矩形上端点终点为圆心，捕捉水平直线两端点为圆弧起点和端点，绘制结果如图 2-52 所示。

（6）修剪线段。单击"草图"工具栏中的"裁剪实体"按钮，修剪多余线段，结果如图 2-48 所示。

✳ 注意

利用后面章节"拉伸-凸台/基体"命令拉伸草图，结果如图 2-53 所示。

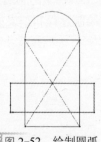

图 2-52　绘制圆弧

图 2-53　拉伸结果

2.2.10　绘制多边形

◆ 执行方式：

"草图"→"多边形"按钮⬡。

◆ 选项说明：

"多边形"命令用于绘制边数为 3～40 之间的等边多边形。

执行"多边形"命令，光标变为 ⌀ 形状，弹出的"多边形"属性管理器如图 2-54 所示。

（1）在"多边形"属性管理器中输入多边形的边数，也可以接受系统默认的边数，在绘制完多边形后再修改多边形的边数。

（2）在图形区单击，确定多边形的中心。

（3）移动光标，在合适的位置单击，确定多边形的形状。

（4）在"多边形"属性管理器中选择是内切圆模式还是外接圆模式，然后修改多边形辅助圆直径以及角度。

（5）如果还要绘制另一个多边形，单击属性管理器中的"新多边形"按钮，然后重复步骤（1）～（4）即可。绘制的多边形如图 2-55 所示。

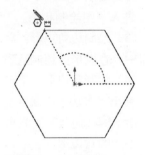

图 2-54　"多边形"属性管理器　　　图 2-55　绘制的多边形

 技巧荟萃

多边形有内切圆和外接圆两种方式，两者的区别主要在于标注方法的不同。内切圆是表示圆中心到各边的垂直距离，外接圆是表示圆中心到多边形端点的距离。

2.2.11　实例——擦写板草图

本例绘制的擦写板草图如图 2-56 所示。

入门

草图
绘制

参考几
何体

草绘特
征建模

放置特
征建模

曲线与
曲面

装配体
设计

工程图
绘制

传动体
设计

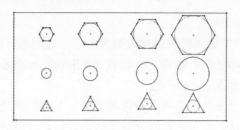

图 2-56　擦写板草图

绘制步骤

（1）设置草绘平面。在左侧的"FeatureMannger 设计树"中选择"前视基准面"作为绘图基准面，单击"前导"工具栏中的"正视于"按钮 📐，旋转基准面。

（2）绘制草图。单击"草图"工具栏中的"草图绘制"按钮 🖋，进入草图绘制状态。

（3）绘制边角矩形。单击"草图"工具栏中的"边角矩形"按钮 🔲，在图形区绘制适当大小矩形，绘制结果如图 2-57 所示。

（4）绘制多边形。单击"草图"工具栏中的"多边形"按钮 ⬡，弹出"多边形"属性管理器，如图 2-58 所示，在"参数"选项组下 ⬡（边数）列表框中输入"6"，在矩形框内部绘制 4 个大小不一的六边形。

图 2-57　矩形边框

图 2-58　"多边形"属性管理器

（5）设置多边形边属性。按住〈Ctrl〉键依次选择多边形上端直线，弹出"属性"属性管理器，如图 2-59 所示，单击"水平"按钮，添加"水平"约束，绘制结果如图 2-60 所示。

草图
绘制

参考几
何体

草绘特
征建模

放置特
征建模

曲线与
曲面

装配体
设计

工程图
绘制

传动体
设计

图 2-59 "属性"属性管理器

图 2-60 绘制多边形

（6）绘制圆。单击"草图"工具栏中的"圆"按钮 ⊙，在矩形边框内部绘制 4 个大小不一的圆，结果如图 2-61 所示。

（7）绘制多边形。单击"草图"工具栏中的"多边形"按钮 ⊙，弹出"多边形"属性管理器，如图 2-62 所示，在"参数"选项组下 ⬠（边数）列表框中输入"3"，在矩形框内部绘制 4 个大小不一的三角形，绘制结果如图 2-56 所示。

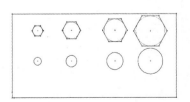

图 2-61 绘制圆

图 2-62 "多边形"属性管理器

入门

草图
绘制

参考几
何体

草绘特
征建模

放置特
征建模

曲线与
曲面

装配体
设计

工程图
绘制

传动体
设计

注意

利用后面章节"拉伸-凸台/基体"命令拉伸草图，结果如图 2-63 所示。

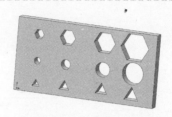

图 2-63　拉伸结果

2.2.12　绘制直槽口

◆ 执行方式：

"草图"→"直槽口"按钮 。

◆ 选项说明：

（1）此时光标变为 形状。绘图区左侧会弹出"槽口"属性管理器，如图 2-64 所示。根据需要设置属性管理器中直槽口的参数。

图 2-64　"槽口"属性管理器

（2）直槽口的绘制方法是：先确定直槽口的水平中心线两端点，然后确定直槽口的两端圆弧半径。

（3）完成设置后，单击"直槽口"属性管理器中的"确定"按钮✔，完成直槽口的绘制。

（4）按住鼠标左键拖动直槽口的特征点，可以改变直槽口的形状。

（5）如果要改变直槽口的属性，在草图绘制状态下，选择绘制的直槽口，此时会弹出"槽口"属性管理器，按照需要修改其中的参数，就可以修改相应的属性。

2.2.13 实例——圆头平键草图

本例绘制圆头平键草图如图 2-65 所示。

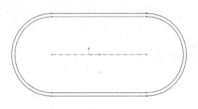

图 2-65 圆头平键草图

🪑 绘制步骤

（1）设置草绘平面。在左侧的"FeatureMannger 设计树"中选择"前视基准面"作为绘图基准面。单击"前导"工具栏中的"正视于"按钮⬆️，旋转基准面。

（2）绘制草图。单击"草图"工具栏中的"草图绘制"按钮🖉，进入草图绘制状态。

（3）绘制直槽口 1。单击"草图"工具栏中的"直槽口"按钮⊡，在图形区绘制直槽口，绘制结果如图 2-66 所示。

（4）绘制直槽口 2。单击"草图"工具栏中的"直槽口"按

钮⊡，捕捉图 2-66 所示的 1、2 为水平线两端点，绘制结果如

图 2-65 所示。

 注意

利用后面章节"拉伸-凸台/基体"命令拉伸草图，结果如图 2-67 所示。

图 2-66　圆头平键草图

图 2-67　拉伸结果

2.2.14　绘制样条曲线

◆ 执行方式：

"草图"→"样条曲线"按钮∿。

◆ 选项说明：

（1）执行"样条曲线"命令，此时光标变为﹀形状。在左侧弹出"样条曲线"属性管理器。

（2）在图形区单击，确定样条曲线的起点。

（3）移动光标，在图中合适的位置单击，确定样条曲线上的第二点。

（4）重复移动光标，确定样条曲线上的其他点。

（5）按〈Esc〉键，或者双击退出样条曲线的绘制。

系统提供了强大的样条曲线绘制功能，样条曲线至少需要两个点，并且可以在端点指定相切。如图 2-68 所示为绘制样条曲线的过程。

样条曲线绘制完毕后，可以通过以下方式对样条曲线进行编辑和修改。

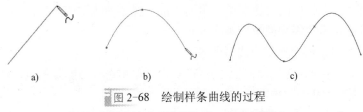

图 2-68 绘制样条曲线的过程

a) 确定第二点   b) 确定第三点   c) 确定其他点

（1）"样条曲线"属性管理器

"样条曲线"属性管理器如图 2-69 所示，在"参数"选项组中可以实现对样条曲线的各种参数进行修改。

（2）样条曲线上的点

选择要修改的样条曲线，此时样条曲线上会出现点，按住鼠标左键拖动这些点就可以实现对样条曲线的修改，如图 2-70 所示为样条曲线的修改过程，拖动点 1 到点 2 位置。

图 2-69 "样条曲线"属性管理器

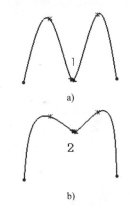

图 2-70 样条曲线的修改过程

a) 修改前的图形   b) 修改后的图形

（3）插入样条曲线型值点

确定样条曲线形状的点称为型值点，即除样条曲线端点以外的点。在样条曲线绘制以后，还可以插入一些型值点。右击样条

入门

草图
绘制

参考几
何体

草绘特
征建模

放置特
征建模

曲线与
曲面

装配体
设计

工程图
绘制

传动体
设计

入门

草图
绘制

参考几
何体

草绘特
征建模

放置特
征建模

曲线与
曲面

装配体
设计

工程图
绘制

传动体
设计

曲线，在弹出的快捷菜单中单击"插入样条曲线型值点"命令，然后在需要添加的位置单击即可。

（4）删除样条曲线型值点

若要删除样条曲线上的型值点，则单击选择要删除的点，然后按〈Delete〉键即可。

样条曲线的编辑还有其他一些功能，如显示样条曲线控标、显示拐点、显示最小半径与显示曲率检查等，在此不一一介绍，用户可以右击，选择相应的功能进行练习。

技巧荟萃

系统默认显示样条曲线的控标。单击"样条曲线工具"工具栏中的"显示样条曲线控标"按钮，可以隐藏或者显示样条曲线的控标。

2.2.15　实例——空间连杆草图

本例绘制空间连杆草图如图 2-71 所示。

图 2-71　空间连杆草图

绘制步骤

（1）设置草绘平面。在左侧的"FeatureMannger 设计树"中选择"前视基准面"作为绘图基准面。单击"前导"工具栏中的"正视于"按钮，旋转基准面。

（2）绘制草图。单击"草图"工具栏中的"草图绘制"按钮，进入草图绘制状态。

（3）绘制矩形。单击"草图"工具栏中的"边角矩形"按钮 ▢，绘制适当大小矩形，如图 2-72 所示。

（4）绘制圆。单击"草图"工具栏中的"圆"按钮 ⊙，在矩形左上方绘制两同心圆，结果如图 2-73 所示。

（5）绘制样条曲线。单击"草图"工具栏中的"样条曲线"按钮 ◠，捕捉矩形及圆上点，绘制两条样条曲线结果如图 2-74 所示。

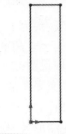

图 2-72　绘制矩形

（6）剪裁实体。单击"草图"工具栏中的"裁剪实体"按钮 ☀，修剪多余图形，结果如图 2-71 所示。

图 2-73　绘制同心圆　　　图 2-74　绘制样条曲线

※ 注意

利用后面章节"拉伸-凸台/基体"命令拉伸草图，结果如图 2-75 所示。

图 2-75　拉伸结果

草图绘制

参考几何体

草绘特征建模

放置特征建模

曲线与曲面

装配体设计

工程图绘制

传动体设计

第 2 章 ● 草图绘制 ◯ 41

入门

草图
绘制

参考几
何体

草绘特
征建模

放置特
征建模

曲线与
曲面

装配体
设计

工程图
绘制

传动体
设计

2.2.16　绘制草图文字

◆　执行方式：

"草图"→"文字"按钮 。

◆　选项说明：

执行"文字"命令后，系统弹出"草图文字"属性管理器，如图 2-76 所示。

（1）在图形区中选择一边线、曲线、草图或草图线段，作为绘制文字草图的定位线，此时所选择的边线显示在"草图文字"属性管理器的"曲线"选项组中。

（2）在"草图文字"属性管理器的"文字"选项组中输入要添加的文字。此时，添加的文字显示在图形区曲线上。

（3）如果不需要系统默认的字体，则取消对"使用文档字体"复选框的勾选，然后单击"字体"按钮，此时系统弹出"选择字体"对话框，如图 2-77 所示，按照需要进行设置。

图 2-76　"草图文字"属性管理器　　图 2-77　"选择字体"对话框

（4）设置好字体后，单击"选择字体"对话框中的"确定"按钮，然后单击"草图文字"属性管理器中的"确定"按钮 ，完成草图文字的绘制。

草图文字可以在零件特征面上添加，用于拉伸和切除文字，形成立体效果。文字可以添加在任何连续曲线或边线组中，包括由直线、圆弧或样条曲线组成的圆或轮廓。

 技巧荟萃

在草图绘制模式下，双击已绘制的草图文字，在系统弹出的"草图文字"属性管理器中可以对其进行修改。

2.2.17 实例——文字模具草图

本例绘制文字模具草图如图 2-78 所示。

三维书屋

图 2-78　文字模具草图

绘制步骤

（1）绘制草绘基准面。在左侧的"FeatureMannger 设计树"中选择"前视基准面"作为绘图基准面。单击"前导"工具栏中的"正视于"按钮，旋转基准面。

（2）绘制草图。单击"草图"工具栏中的"草图绘制"按钮，进入草图绘制状态。

（3）输入文字。单击"草图"工具栏中的"文字"按钮，弹出"草图文字"属性管理器，如图 2-79 所示，在"文字"选项组中输入"三维书屋"，单击"确定"按钮，绘制结果如图 2-78所示。

注意

利用后面章节"拉伸-凸台/基体"拉伸草图文字，结果如图 2-80 所示。

入门

草图绘制

参考几何体

草绘特征建模

放置特征建模

曲线与曲面

装配体设计

工程图绘制

传动体设计

图 2-79 "草图文字"属性管理器　　　　　图 2-80 拉伸结果

2.3 草图工具

本节主要介绍草图工具的使用方法，如圆角、倒角、等距实体、转换实体引用、裁减、延伸与镜像等。

2.3.1 绘制圆角

◆ 执行方式：

"草图"→"圆角"按钮。

◆ 选项说明：

此时系统弹出的"绘制圆角"属性管理器。

（1）在"绘制圆角"属性管理器中，设置圆角的半径。如果顶点具有尺寸或几何关系，勾选"保持拐角处约束条件"复选框，将保留虚拟交点。如果不勾选该复选框，且顶点具有尺寸或几何关系，将会询问是否想在生成圆角时删除这些几何关系。

（2）设置好"绘制圆角"属性管理器后，单击选择如图 2-81a

入门

草图绘制

参考几何体

草绘特征建模

放置特征建模

曲线与曲面

装配体设计

工程图绘制

传动体设计

所示的直线 1 和 2、直线 2 和 3、直线 3 和 4、直线 4 和 1。

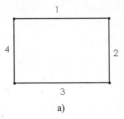

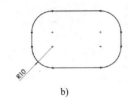

a) b)

图 2-81 绘制圆角过程

a) 绘制前的图形 b) 绘制后的图形

（3）单击"绘制圆角"属性管理器中的"确定"按钮 ✔，完成圆角的绘制，如图 2-81b 所示。

绘制圆角工具是将两个草图实体的交叉处剪裁掉角部，生成一个与两个草图实体都相切的圆弧，此工具在二维和三维草图中均可使用。

 技巧荟萃

SolidWorks 可以将两个非交叉的草图实体进行倒圆角操作。执行完"圆角"命令后，草图实体将被拉伸，边角将被圆角处理。

2.3.2 实例——阀盖底座草图

本例绘制阀盖底座草图如图 2-82 所示。

绘制步骤

（1）设置草绘平面。在左侧的"FeatureMannger 设计树"中选择"前视基准面"作为绘图基准面。单击"前导"工具栏中的"正视于"按钮 📥，旋转基准面。

（2）绘制草图。单击"草图"工具栏中的"草图绘制"按钮 📇，进入草图绘制状态。

（3）绘制矩形。单击"草图"工具栏中的"中心矩形"按钮 ▣，在图形区绘制适当大小矩形，绘制结果如图 2-83 所示。

入门

草图
绘制

参考几
何体

草绘特
征建模

放置特
征建模

曲线与
曲面

装配体
设计

工程图
绘制

传动体
设计

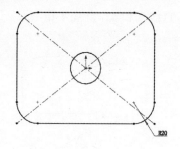

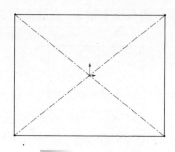

图 2-82　阀盖底座草图　　　　　图 2-83　绘制矩形

（4）绘制圆。单击"草图"工具栏中的"圆"按钮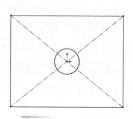，捕捉原点为圆心，绘制圆，结果如图 2-84 所示。

（5）倒圆角操作。单击"草图"工具栏中的"绘制圆角"按钮，弹出"绘制圆角"属性管理器，如图 2-85

图 2-84　绘制圆

所示，设置圆角半径为 20，为矩形四角倒圆角，结果如图 2-82 所示。

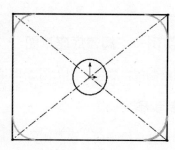

图 2-85　绘制圆角

2.3.3　绘制倒角

◆ 执行方式：

"草图"→"倒角"按钮。

◆ 选项说明：

此时系统弹出的"绘制倒角"属性管理器如图 2-86 所示。

图 2-86 "角度距离"设置方式

（1）在"绘制倒角"属性管理器中，选择"角度距离"单选钮，按照如图 2-86 所示设置倒角方式和倒角参数，然后选择如图 2-87a 所示的直线 1 和直线 4。

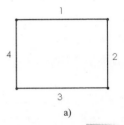

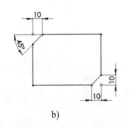

图 2-87 绘制倒角的过程

a) 绘制前的图形　b) 绘制后的图形

（2）在"绘制倒角"属性管理器中，选择"距离-距离"单选钮，按照如图 2-88 所示设置倒角方式和倒角参数，然后选择如图 2-87a 所示的直线 2 和直线 3。

图 2-88 "距离-距离"设置方式

（3）单击"绘制倒角"属性管理器中的"确定"按钮 ✔，完成倒角的绘制，如图 2-87b 所示。

绘制倒角工具是将倒角应用到相邻的草图实体中，此工具在二维和三维草图中均可使用。倒角的选取方法与圆角相同。"绘制倒角"属性管理器中提供了倒角的两种设置方式，分别是"角度距离"设置倒角方式和"距离-距离"设置倒角方式。

以"距离-距离"设置方式绘制倒角时，如果设置的两个距

入门

草图绘制

参考几何体

草绘特征建模

放置特征建模

曲线与曲面

装配体设计

工程图绘制

传动体设计

入门

草图
绘制

参考几
何体

草绘特
征建模

放置特
征建模

曲线与
曲面

装配体
设计

工程图
绘制

传动体
设计

离不相等，选择不同草图实体的次序不同，绘制的结果也不相同。如图 2-89 所示，设置 D1＝10、D2＝20，如图 2-89a 所示为原始图形；如图 2-89b 所示为先选取左侧的直线，后选择右侧直线形成的倒角；如图 2-89c 所示为先选取右侧的直线，后选择左侧直线形成的倒角。

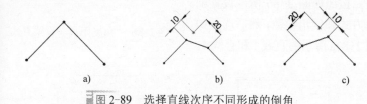

图 2-89　选择直线次序不同形成的倒角

a) 原始图形　b) 先左后右的图形　c) 先右后左的图形

2.3.4　实例——垫块草图

本例绘制垫块草图如图 2-90 所示。

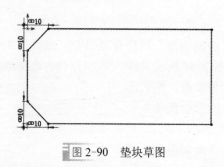

图 2-90　垫块草图

绘制步骤

（1）设置草绘平面。在左侧的"FeatureMannger 设计树"中选择"前视基准面"作为绘图基准面。单击"前导"工具栏中的"正视于"按钮，旋转基准面。

（2）绘制草图。单击"草图"工具栏中的"草图绘制"按钮，进入草图绘制状态。

入门

草图
绘制

参考几
何体

草绘特
征建模

放置特
征建模

曲线与
曲面

装配体
设计

工程图
绘制

传动体
设计

（3）绘制矩形。单击"草图"工具栏中的"边角矩形"按钮 ⬜，在图形区绘制适当大小矩形，绘制结果如图 2-91 所示。

（4）倒角操作。单击"草图"工具栏中的"绘制倒角"按钮 ◥，弹出"绘制倒角"属性管理器，如图 2-92 所示，设置"倒角距离"为"10"，单击"距离-距离"单选钮，勾选"相等距离"复选框，绘制结果如图 2-90 所示。

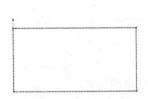

图 2-91　绘制矩形　　　　图 2-92　"绘制倒角"属性管理器

2.3.5　等距实体

◆　执行方式：

"草图"→"等距实体"按钮 ⫐。

◆　选项说明：

（1）系统弹出"等距实体"属性管理器，按照实际需要进行设置。

（2）单击选择要等距的实体对象。

（3）单击"等距实体"属性管理器中的"确定"按钮 ✓，完成等距实体的绘制。

等距实体工具是按特定的距离等距一个或者多个草图实体、所选模型边线、模型面。例如样条曲线或圆弧、模型边线组、环等之类的草图实体。

"等距实体"属性管理器中各选项的含义如下。

● "等距距离"文本框：设定数值以特定距离来等距草图实体。

第 2 章 ● 草图绘制 ○49

入门

草图
绘制

参考几
何体

草绘特
征建模

放置特
征建模

曲线与
曲面

装配体
设计

工程图
绘制

传动体
设计

● "添加尺寸"复选框：勾选该复选框将在草图中添加等距
距离的尺寸标注，这不会影响到包括在原有草图实体中的
任何尺寸。
● "反向"复选框：勾选该复选框将更改单向等距实体的方向。
● "选择链"复选框：勾选该复选框将生成所有连续草图实
体的等距。
● "双向"复选框：勾选该复选框将在草图中双向生成等距
实体。
● "制作基体结构"复选框：勾选该复选框将原有草图实体
转换到构造性直线。
● "顶端加盖"复选框：勾选该复选框将通过选择双向并添
加一顶盖来延伸原有非相交草图实体。

如图 2-94 所示为按照如图 2-93 所示的"等距实体"属性
管理器进行设置后，选取中间草图实体中任意一部分得到的
图形。

图 2-93 "等距实体"属性管理器

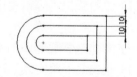

图 2-94 等距后的草图实体

如图 2-95 所示为在模型面上添加草图实体的过程，图
2-95a 为原始图形，图 2-95b 为等距实体后的图形。执行过程
为：先选择如图 2-95a 所示的模型的上表面，然后进入草图绘
制状态，再执行等距实体命令，设置参数为单向等距距离，距
离为 10。

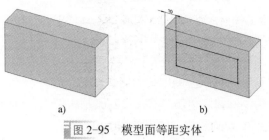

图 2-95　模型面等距实体

a) 原始图形　b) 等距实体后的图形

在草图绘制状态下，双击等距距离的尺寸，然后更改数值，就可以修改等距实体的距离。在双向等距中，修改单个数值就可以更改两个等距的尺寸。

2.3.6　实例——支架垫片草图

本例绘制支架垫片草图如图 2-96 所示。

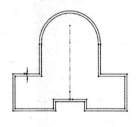

图 2-96　支架垫片草图

绘制步骤

（1）设置草绘平面。在左侧的"FeatureMannger 设计树"中选择"前视基准面"作为绘图基准面。

（2）绘制草图。单击"草图"工具栏中的"草图绘制"按钮 ，进入草图绘制状态。

入门

草图
绘制

参考几
何体

草绘特
征建模

放置特
征建模

曲线与
曲面

装配体
设计

工程图
绘制

传动体
设计

入门

草图
绘制

参考几
何体

草绘特
征建模

放置特
征建模

曲线与
曲面

装配体
设计

工程图
绘制

传动体
设计

（3）绘制中心线。单击"草图"工具栏中的"中心线"按钮
，绘制过原点竖直中心线。

（4）绘制直线。单击"草图"工具栏中的"直线"按钮，
在图形区绘制图形，绘制结果如图 2-97 所示。

（5）绘制圆弧。单击"草图"工具栏中的"三点圆弧"按钮
，在图形中绘制圆弧，结果如图 2-98 所示。

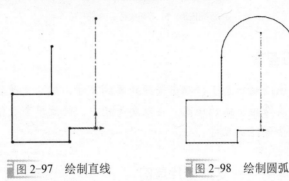

图 2-97　绘制直线　　　　　图 2-98　绘制圆弧

（6）设置直线属性。按住〈Ctrl〉键，选择点 1 及线 2，弹出
"属性"属性管理器，如图 2-99 所示，单击"重合"按钮，完成
约束添加，结果如图 2-100 所示。

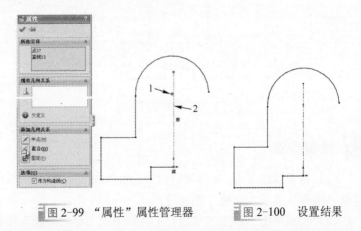

图 2-99　"属性"属性管理器　　　图 2-100　设置结果

（7）镜像草图。单击"草图"工具栏中的"镜像实体"按钮

，镜像左侧图形，结果如图 2-101 所示。

（8）单击"草图"工具栏中的"等距实体"按钮，弹出"等距实体"属性管理器，如图 2-102 所示，设置"等距距离"为"2"，勾选"选择链"复选框，在绘图区选择边线，单击"确定"按钮，完成操作，结果如图 2-96 所示。

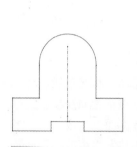

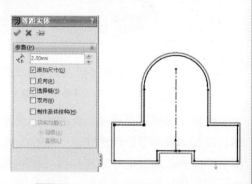

图 2-101　镜像草图　　　　图 2-102　"等距实体"属性管理器

2.3.7　转换实体引用

◆ 执行方式：

"草图"→"转换实体引用"按钮。

◆ 选项说明：

（1）执行"转换实体引用"命令，弹出"转换实体引用"属性管理器，如图 2-103 所示。

图 2-103　"转换实体引用"属性管理器

（2）按住〈Ctrl〉键，选取如图 2-104a 所示的边线 1、2、3、

第 2 章 ● 草图绘制 ○ 53

（3）单击"退出草绘"按钮📇，退出草图绘制状态，转换实体引用后的图形如图 2-104b 所示。

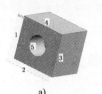

a)   b)

图 2-104　转换实体引用过程

a) 转换实体引用前的图形　b) 转换实体引用后的图形

转换实体引用是通过已有的模型或者草图，将其边线、环、面、曲线、外部草图轮廓线、一组边线或一组草图曲线投影到草图基准面上。通过这种方式，可以在草图基准面上生成一个或多个草图实体。使用该命令时，如果引用的实体发生更改，那么转换的草图实体也会相应的改变。

2.3.8　实例——前盖草图

本例绘制前盖草图如图 2-105 所示。

图 2-105　前盖草图

🪑 绘制步骤

（1）绘制草绘基准面。在左侧的"FeatureMannger 设计树"中选择"前视基准面"作为绘图基准面。单击"前导"工具栏中的"正视于"按钮⬆️，旋转基准面。

（2）绘制草图 1。单击"草图"工具栏中的"草图绘制"按钮🖉，进入草图绘制状态。

54〇 SolidWorks 2012 中文版工程设计速学通

（3）绘制直槽口。单击"草图"工具栏中的"直槽口"按钮 ，弹出"槽口"属性管理器，如图 2-106 所示，在图形区绘制适当大小直槽口，绘制结果如图 2-107 所示。

图 2-106　"槽口"属性管理器　　　图 2-107　绘制直槽口

（4）绘制圆。单击"草图"工具栏中的"圆"按钮 ，捕捉水平中心线两端点绘制两圆，绘制过程中输入圆半径，半径为"5"，结果如图 2-108 所示。

（5）拉伸实体。单击"特征"工具栏中的"拉伸凸台/基体"按钮 ，弹出"拉伸-凸台"属性管理器，设置参数，如图 2-109 所示。拉伸草图，结果如图 2-110 所示。

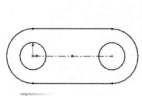

图 2-108　绘制圆　　　　图 2-109　"凸台-拉伸"属性管理器

第 2 章 ● 草图绘制 ○ 55

（6）设置草绘平面 2。选择图 2-110 中的面 1，进入草图绘制状态。单击"草图"工具栏中的"草图绘制"按钮 ，单击"前导"工具栏中的"正视于"按钮 ，旋转基准面。

（7）转换实体引用。单击"草图"工具栏中的"转换实体引用"按钮 ，弹出"转换实体引用"属性管理器，如图 2-111 所示，选择最外侧轮廓线，将边线转换为草图，结果如图 2-112 所示。

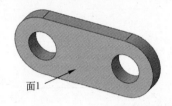

面1

图 2-110　拉伸结果　　　　图 2-111　"转换实体引用"属性管理器

图 2-112　转换草图

（8）等距实体操作。单击"草图"工具栏中的"等距实体"按钮 ，弹出"等距实体"属性管理器，如图 2-113 所示，设置"等距距离"为"3"，勾选"选择链"、"反向"复选框，选择最外侧轮廓线，单击"确定"按钮，完成操作，结果如图 2-114 所示。

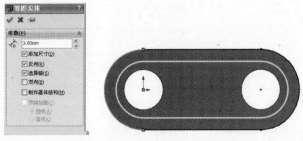

图 2-113　"等距实体"属性管理器

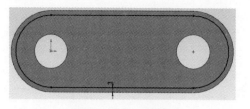

图 2-114　等距边线

入门

草图
绘制

参考几
何体

草绘特
征建模

放置特
征建模

曲线与
曲面

装配体
设计

工程图
绘制

传动体
设计

（9）拉伸实体。单击"特征"工具栏中的"拉伸凸台/基体"按钮，弹出"凸台-拉伸"属性管理器，设置参数，如图 2-115 所示。拉伸草图，结果如图 2-116 所示。

图 2-115　"凸台-拉伸"属性管理器　　　图 2-116　拉伸结果

2.3.9　草图剪裁

◆　执行方式：

"草图"→"剪裁实体"按钮。

◆　选项说明：

执行"剪裁实体"命令，此时光标变为形状，并在左侧特征管理器弹出"剪裁"属性管理器，如图 2-117 所示。

入门

草图
绘制

参考几
何体

草绘特
征建模

放置特
征建模

曲线与
曲面

装配体
设计

工程图
绘制

传动体
设计

图 2-117　"剪裁"属性管理器

（1）在"剪裁"属性管理器中选择"剪裁到最近端"选项。

（2）依次单击如图 2-118a 所示的 A 处和 B 处，剪裁图中的直线。

（3）单击"剪裁"属性管理器中的"确定"按钮 ✅，完成草图实体的剪裁，剪裁后的图形如图 2-118b 所示。

图 2-118　剪裁实体的过程

a) 剪裁前的图形　b) 剪裁后的图形

草图剪裁是常用的草图编辑命令。执行"草图剪裁"命令时，系统弹出的"剪裁"属性管理器如图 2-117 所示，根据剪裁草图实体的不同，可以选择不同的剪裁模式，下面将介绍不同类型的草图剪裁模式。

● 强劲剪裁：通过将光标拖过每个草图实体来剪裁草图实体。

● 边角：剪裁两个草图实体，直到它们在虚拟边角处相交。

58 ○ SolidWorks 2012 中文版工程设计速学通

- 在内剪除：选择两个边界实体，然后选择要裁剪的实体，剪裁位于两个边界实体外的草图实体。
- 在外剪除：剪裁位于两个边界实体内的草图实体。
- 剪裁到最近端：将一草图实体裁减到最近端交叉实体。

2.3.10 实例——扳手草图

本例绘制扳手草图如图 2-119 所示。

图 2-119 扳手草图

绘制步骤

（1）设置草绘平面。在左侧的"FeatureMannger 设计树"中选择"前视基准面"作为绘图基准面。单击"前导"工具栏中的"正视于"按钮，旋转基准面。

（2）绘制草图。单击"草图"工具栏中的"草图绘制"按钮，进入草图绘制状态。

（3）绘制矩形。单击"草图"工具栏中的"边角矩形"按钮，在图形区绘制适当大小矩形，绘制过程中输入矩形尺寸，结果如图 2-120 所示。

（4）绘制圆。单击"草图"工具栏中的"圆"按钮，捕捉矩形两端点为圆心。绘制半径为 10 的圆，结果如图 2-121 所示。

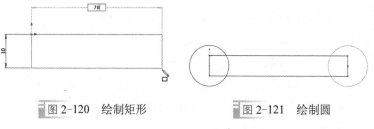

图 2-120 绘制矩形   图 2-121 绘制圆

第 2 章 ● 草图绘制 ○59

入门

草图
绘制

参考几
何体

草绘特
征建模

放置特
征建模

曲线与
曲面

装配体
设计

工程图
绘制

传动体
设计

（5）绘制多边形。单击"草图"工具栏中的"多边形"按钮 ⊙，绘制六边形，如图 2-122 所示。

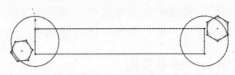

图 2-122　绘制六边形

（6）剪裁实体。单击"草图"工具栏中的"裁剪实体"按钮 ⊭，修剪多余图形，如图 2-119 所示。

2.3.11　草图延伸

◆ 执行方式：

"草图"→"延伸实体"按钮 T。

◆ 选项说明：

执行"延伸实体"命令，光标变为 T 形状，进入草图延伸状态。

（1）单击如图 2-123a 所示的直线。

（2）按〈Esc〉键，退出延伸实体状态，延伸后的图形如图 2-123b 所示。

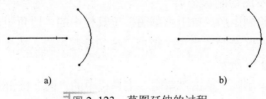

a)　　　　　　　　　　　　　　　　b)

图 2-123　草图延伸的过程

a) 延伸前的图形　b) 延伸后的图形

（3）草图延伸是常用的草图编辑工具。利用该工具可以将草图实体延伸至另一个草图实体。

（4）在延伸草图实体时，如果两个方向都可以延伸，而只需要单一方向延伸时，单击延伸方向一侧的实体部分即可实现，在执行该命令过程中，实体延伸的结果在预览时会以红色显示。

2.3.12 实例——轴承座草图

本例绘制轴承座草图如图 2-124 所示。

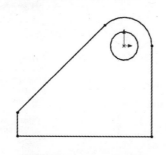

图 2-124 轴承座草图

入门

草图
绘制

参考几
何体

草绘特
征建模

放置特
征建模

曲线与
曲面

装配体
设计

工程图
绘制

传动体
设计

绘制步骤

（1）设置草绘平面。在左侧的"FeatureMannger 设计树"中选择"前视基准面"作为绘图基准面。单击"前导"工具栏中的"正视于"按钮 ，旋转基准面。

（2）绘制草图。单击"草图"工具栏中的"草图绘制"按钮 ，进入草图绘制状态。

（3）绘制圆。单击"草图"工具栏中的"圆"按钮 ，在图形区绘制适当大小圆，绘制结果如图 2-125 所示。

图 2-125 绘制圆

（4）绘制直线。单击"草图"工具栏中的"直线"按钮 ，绘制连续直线，结果如图 2-126 所示。

（5）设置线属性。按住〈Ctrl〉键，选择图 2-126 中直线 1、圆 1，弹出"属性"属性管理器，如图 2-127 所示，单击"相切"按钮，添加相切关系；用同样的方法为图 2-126 中的直线 2、圆 1 添加"相切"关系，结果如图 2-128 所示。

入门

草图
绘制

参考几
何体

草绘特
征建模

放置特
征建模

曲线与
曲面

装配体
设计

工程图
绘制

传动体
设计

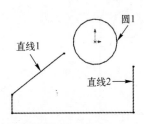

图 2-126　绘制直线

图 2-127　"属性"属性管理器

（6）延伸实体。单击"草图"工具栏中的"延伸实体"按钮 ⊤，在绘图区显示 ⊤ 图标，选择图 2-128 中的线 1、2，结果如图 2-129 所示。

（7）剪裁实体。单击"草图"工具栏中的"裁剪实体"按钮 ，修剪多余图形，如图 2-130 所示。

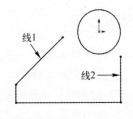

图 2-128　添加几何关系

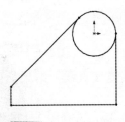

图 2-129　延伸结果

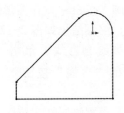

图 2-130　修剪图形

（8）绘制圆。单击"草图"工具栏中的"圆"按钮 ⊙，捕捉原点为圆心，绘制圆，结果如图 2-124 所示。

2.3.13 镜像草图

◆ 执行方式：

"草图"→"镜像实体"按钮 🔥。

"草图"→"动态镜像实体"按钮 🔥。

◆ 选项说明：

执行"镜像实体"命令，系统弹出"镜像"属性管理器，如图 2-131 所示。

在绘制草图时，经常要绘制对称的图形，这时可以使用镜像实体命令来实现。

在 SolidWorks 2012 中，镜像点不再仅限于构造线，它可以是任意类型的直线。SolidWorks 提供了两种镜像方式，一种是镜像现有草图实体，另一种是在绘制草图时动态镜像草图实体。

1．镜像现有草图实体

（1）单击属性管理器中的"要镜像的实体"列表框，使其变为粉红色，然后在图形区中框选如图 2-132a 所示的直线左侧图形。

（2）单击属性管理器中的"镜像点"列表框，使其变为粉红色，然后在图形区中选取如图 2-132a 所示的直线。

（3）单击"镜像"属性管理器中的"确定"按钮 ✔，草图实体镜像完毕，镜像后的图形如图 2-132b 所示。

图 2-131 "镜像"属性管理器

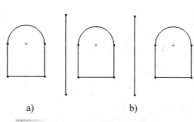

a)　　　　　　b)

图 2-132 镜像草图的过程

a) 镜像前的图形　b) 镜像后的图形

入门

草图
绘制

参考几
何体

草绘特
征建模

放置特
征建模

曲线与
曲面

装配体
设计

工程图
绘制

传动体
设计

入门

草图
绘制

参考几
何体

草绘特
征建模

放置特
征建模

曲线与
曲面

装配体
设计

工程图
绘制

传动体
设计

2. 动态镜像草图实体

（1）在草图绘制状态下，先在图形区中绘制一条中心线，并选取它。

（2）单击"草图"工具栏中的"动态镜像实体"按钮 ，此时对称符号出现在中心线的两端。

（3）单击"草图"工具栏中的"直线"按钮 ，在中心线的一侧绘制草图，此时另一侧会动态地镜像出绘制的草图。

（4）草图绘制完毕后，再次单击"草图"工具栏中的"直线"按钮 ，即可结束该命令的使用，如图 2-133 所示。

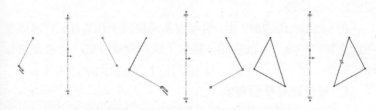

图 2-133　动态镜像草图实体的过程

🐷 **技巧荟萃**

镜像实体在三维草图中不可使用。

2.3.14　实例——压盖草图

本例绘制压盖草图如图 2-134 所示。

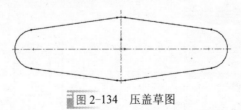

图 2-134　压盖草图

🪑 **绘制步骤**

（1）设置草绘平面。在左侧的"FeatureMannger 设计树"中选择"前视基准面"作为绘图基准面。单击"前导"工具栏中的"正视于"按钮⬆，旋转基准面。

（2）绘制草图。单击"草图"工具栏中的"草图绘制"按钮
⤴，进入草图绘制状态。

（3）绘制中心线。单击"草图"工具栏中的"中心线"按钮
⦙，绘制水平、竖直中心线，如图 2-135 所示。

（4）绘制圆。单击"草图"工具栏中的"圆"按钮◎，捕捉
圆心，绘制圆，结果如图 2-136 所示。

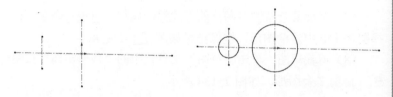

图 2-135　绘制中心线　　　　图 2-136　绘制圆

（5）绘制直线。单击"草图"工具栏中的"直线"按钮＼，
捕捉两圆上点绘制切线。按住〈Ctrl〉键，分别选择圆与直线，
弹出"属性"属性管理器，单击"相切"按钮，完成约束添加。
结果如图 2-137 所示。

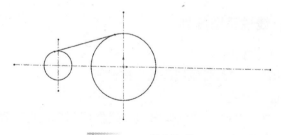

图 2-137　绘制切线

（6）镜像草图。单击"草图"工具栏中的"镜像实体"按钮⚠，
弹出"镜像"属性管理器。如图 2-138 所示，选择切线，结果如
图 2-139 所示。

入门

草图
绘制

参考几
何体

草绘特
征建模

放置特
征建模

曲线与
曲面

装配体
设计

工程图
绘制

传动体
设计

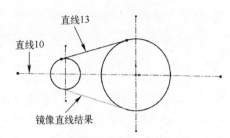

直线13

直线10

镜像直线结果

图 2-138 "镜像"属性管理器　　图 2-139　镜像结果

（7）镜像其余草图。同样的方法继续执行"镜像"命令，选择图 2-140 中左侧图形，镜像结果如图 2-141 所示。

（8）剪裁草图。单击"草图"工具栏中的"裁剪实体"按钮，修剪多余图形，如图 2-134 所示。

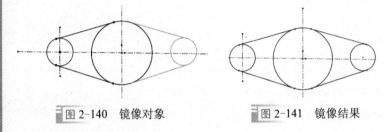

图 2-140　镜像对象　　　　　　图 2-141　镜像结果

2.3.15　线性草图阵列

◆　执行方式：

"草图" → "线性草图阵列"按钮。

◆　选项说明：

执行该命令时，系统弹出的"线性阵列"属性管理器，如图 2-142 所示。

（1）单击"要阵列的实体"列表框，然后在图形区中选取如图 2-143a 所示的直径为 10 的圆弧，其他设置如图 2-142 所示。

（2）单击"线性阵列"属性管理器中的"确定"按钮，结果如图 2-143b 所示。

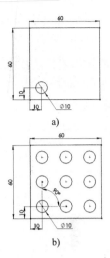

图 2-142 "线性阵列"属性管理器 　　图 2-143 线性草图阵列的过程

a) 阵列前的图形　b) 阵列后的图形

入门

草图
绘制

参考几
何体

草绘特
征建模

放置特
征建模

曲线与
曲面

装配体
设计

工程图
绘制

传动体
设计

　　线性草图阵列是将草图实体沿一个或者两个轴复制生成多个排列图形。

2.3.16　实例——固定板草图

　　本例绘制固定板草图如图 2-144 所示。

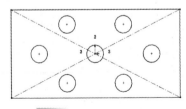

图 2-144　固定板草图

绘制步骤

　　(1) 设置草绘平面。在左侧的"FeatureMannger 设计树"中

第 2 章 ● 草图绘制 ○ **67**

入门

草图
绘制

参考几
何体

草绘特
征建模

放置特
征建模

曲线与
曲面

装配体
设计

工程图
绘制

传动体
设计

选择"前视基准面"作为绘图基准面。单击"前导"工具栏中的"正视于"按钮📐，旋转基准面。

（2）绘制草图。单击"草图"工具栏中的"草图绘制"按钮📝，进入草图绘制状态。

（3）绘制矩形。单击"草图"工具栏中的"中心矩形"按钮🔲，在图形区绘制大小为 30×60 的矩形，绘制结果如图 2-145 所示。

（4）绘制圆。单击"草图"工具栏中的"圆"按钮⊙，捕捉原点为圆心，在矩形内部绘制圆，半径为 3，结果如图 2-146 所示。

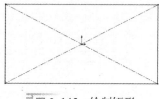

图 2-145　绘制矩形

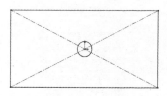

图 2-146　绘制圆

（5）绘制线性阵列 1。单击"草图"工具栏中的"线性草图阵列"按钮▦，弹出"线性阵列"属性管理器，参数设置如图 2-147 所示。

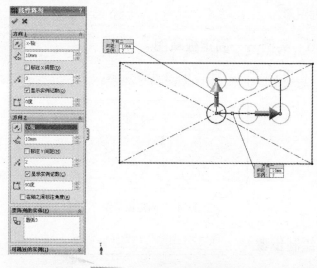

图 2-147　绘制线性阵列 1

（6）绘制线性阵列 2。单击"草图"工具栏中的"线性草图阵列"按钮 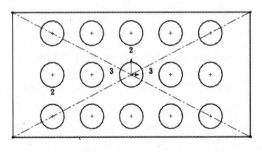，弹出"线性阵列"属性管理器，参数设置如图 2-148 所示。

草图
绘制

参考几
何体

草绘特
征建模

放置特
征建模

曲线与
曲面

装配体
设计

工程图
绘制

传动体
设计

图 2-148　绘制线性阵列 2

（7）绘制线性阵列 3。继续执行"线性草图阵列"命令，阵列结果如图 2-149 所示。

图 2-149　阵列结果

入门

草图
绘制

参考几
何体

草绘特
征建模

放置特
征建模

曲线与
曲面

装配体
设计

工程图
绘制

传动体
设计

（8）删除多余圆。按住〈Delete〉键，删除多余圆，结果如图 2-144 所示。

2.3.17　圆周草图阵列

◆ 执行方式：

"草图"→"圆周草图阵列"按钮。

◆ 选项说明：

执行"圆周草图阵列"命令，此时系统弹出"圆周阵列"属性管理器，如图 2-150 所示。

图 2-150　"圆周阵列"属性管理器

（1）单击"圆周阵列"属性管理器的"要阵列的实体"列表框，然后在图形区中选取如图 2-151a 所示的圆弧外的三条直线，在"参数"选项组的列表框中选择圆弧的圆心，在"数量"文本框中输入"8"。

（2）单击"圆周阵列"属性管理器中的"确定"按钮 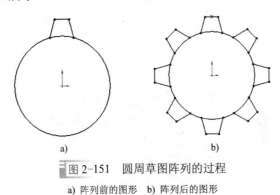，阵列后的图形如图 2-151b 所示。

圆周草图阵列是将草图实体沿一个指定大小的圆弧进行环状阵列。执行该命令时，系统弹出的"圆周阵列"属性管理器如图 2-150 所示。

a)   b)

图 2-151　圆周草图阵列的过程

a) 阵列前的图形　b) 阵列后的图形

2.3.18　实例——斜齿轮草图

本例绘制斜齿轮草图如图 2-152 所示。

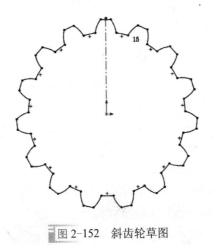

图 2-152　斜齿轮草图

入门

草图
绘制

参考几
何体

草绘特
征建模

放置特
征建模

曲线与
曲面

装配体
设计

工程图
绘制

传动体
设计

绘制步骤

（1）设置草绘平面。在左侧的"FeatureMannger 设计树"中选择"前视基准面"作为绘图基准面。单击"前导"工具栏中的"正视于"按钮⬆️，旋转基准面。

（2）绘制草图。单击"草图"工具栏中的"草图绘制"按钮，进入草图绘制状态。

（3）绘制圆。单击"草图"工具栏中的"圆"按钮⊙，在图形区绘制适当大小矩形，绘制结果如图 2-153 所示。

（4）绘制中心线。单击"草图"工具栏中的"中心线"按钮，绘制过圆心竖直中心线，如图 2-154 所示。

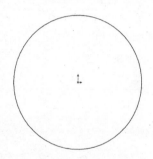

图 2-153　绘制圆

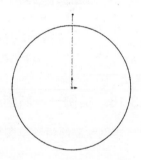

图 2-154　绘制中心线

（5）绘制齿轮廓。单击"草图"工具栏中的"直线"按钮和"三点圆弧"按钮，绘制齿轮廓，如图 2-155 所示。

（6）剪裁齿轮廓。单击"草图"工具栏中的"裁剪实体"按钮，修剪多余圆弧，结果如图 2-156 所示。

（7）修剪草图。单击"草图"工具栏中的"镜像实体"按钮，镜像右侧圆弧，结果如图 2-157 所示。

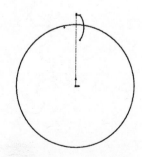

图 2-155　绘制齿轮廓

入门

草图
绘制

参考几
何体

草绘特
征建模

放置特
征建模

曲线与
曲面

装配体
设计

工程图
绘制

传动体
设计

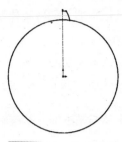

图 2-156　剪裁结果

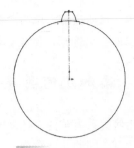

图 2-157　镜像圆弧

　　（8）圆周阵列。单击"草图"工具栏中的"圆周草图阵列"
按钮，弹出"圆周阵列"属性管理器，选择齿轮廓为阵列对象，
设置参数如图 2-158 所示，阵列结果如图 2-159 所示。

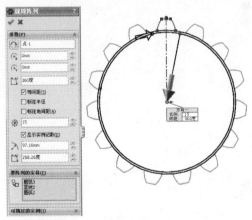

图 2-158　"圆周阵列"属性管理器

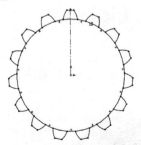

图 2-159　阵列结果

第 2 章 ● 草图绘制 ○ **73**

入门

草图
绘制

参考几
何体

草绘特
征建模

放置特
征建模

曲线与
曲面

装配体
设计

工程图
绘制

传动体
设计

（9）修剪齿廓。单击"草图"工具栏中的"裁剪实体"按钮，修剪多余图形，结果如图 2-152 所示。

2.4 添加几何关系

几何关系为草图实体之间或草图实体与基准面、基准轴、边线或顶点之间的几何约束。

使用 SolidWorks 的自动添加几何关系后，在绘制草图时光标会改变形状以显示可以生成哪些几何关系。图 2-160 显示了不同几何关系对应的光标指针形状。

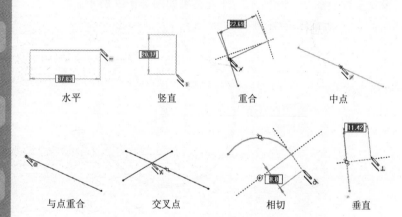

水平　　　　竖直　　　　重合　　　　中点

与点重合　　交叉点　　　相切　　　　垂直

图 2-160　不同几何关系对应的光标指针形状

2.4.1 添加几何关系操作说明

◆ 执行方式：

"草图"→"添加几何关系"按钮。

◆ 选项说明：

（1）系统弹出"添加几何关系"属性管理器。在草图中单击图 2-161 中要添加几何关系的实体"圆 1"、"线 2"。

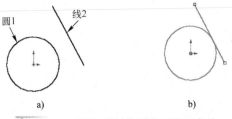

图 2-161　添加相切关系前后的两实体

a) 添加相切关系前　b) 添加相切关系后

（2）此时所选实体会在"添加几何关系"属性管理器的"所
选实体"选项中显示，如图 2-162
所示。

（3）信息栏  显示所选实体的
状态（完全定义或欠定义等）。

（4）如果要移除一个实体，在
"所选实体"选项的列表框中右击
该项目，在弹出的快捷菜单中选择
"清除选项"命令即可。

（5）在"添加几何关系"选项
组中单击要添加的几何关系类型
（相切或固定等），这时添加的几何
关系类型就会显示在"现有几何关系"列表框中。

图 2-162　"添加几何关
系"属性管理器

（6）如果要删除添加了的几何关系，在"现有几何关系"列表
框中右击该几何关系，在弹出的快捷菜单中选择"删除"命令即可。

（7）单击"确定"按钮 ，几何关系添加到草图实体间，如
图 2-161b 所示。

利用"添加几何关系"按钮 可以在草图实体之间或草图实
体与基准面、基准轴、边线或顶点之间生成几何关系。

2.4.2　实例——连接盘草图

本例绘制连接盘草图如图 2-163 所示。

入门

草图
绘制

参考几
何体

草绘特
征建模

放置特
征建模

曲线与
曲面

装配体
设计

工程图
绘制

传动体
设计

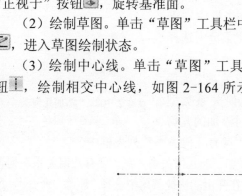

图 2-163　连接盘草图

绘制步骤

（1）设置草绘平面。在左侧的"FeatureMannger 设计树"中选择"前视基准面"作为绘图基准面。单击"前导"工具栏中的"正视于"按钮 ，旋转基准面。

（2）绘制草图。单击"草图"工具栏中的"草图绘制"按钮 ，进入草图绘制状态。

（3）绘制中心线。单击"草图"工具栏中的"中心线"按钮 ，绘制相交中心线，如图 2-164 所示。

图 2-164　绘制中心线

（4）绘制圆。单击"草图"工具栏中的"圆"按钮 ，弹出"圆"属性管理器，如图 2-165 所示，绘制 3 个适当大小同心圆，结果如图 2-166 所示。

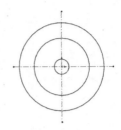

图 2-165　"圆"属性管理器　　　图 2-166　同心圆

（5）设置"圆"属性。选择中间圆，弹出"属性"属性管理器，勾选"作为构造线"复选框，如图 2-167 所示，将草图实线转化为构造线，结果如图 2-168 所示。

图 2-167　"圆"属性管理器

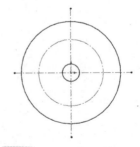

图 2-168　转换为构造线

（6）绘制圆。单击"草图"工具栏中的"圆"按钮，捕捉中心线与构造圆的上交点为圆心，绘制圆，结果如图 2-169 所示。

（7）绘制圆周阵列。单击"草图"工具栏中的"圆周草图阵列"按钮，弹出"圆周阵列"属性管理器，设置参数，如图 2-170 所示，选择圆心为中心点，输入阵列个数为 4，结果如图 2-171 所示。

第 2 章 ● 草图绘制 ○ **77**

入门

草图绘制

参考几何体

草绘特征建模

放置特征建模

曲线与曲面

装配体设计

工程图绘制

传动体设计

入门

草图
绘制

参考几
何体

草绘特
征建模

放置特
征建模

曲线与
曲面

装配体
设计

工程图
绘制

传动体
设计

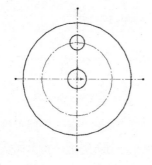

图 2-169　绘制圆

图 2-170　"圆周阵列"属性管理器

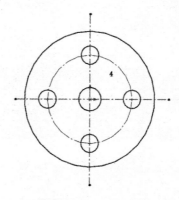

图 2-171　阵列结果

（8）绘制矩形。单击"草图"工具栏中的"边角矩形"按钮
□，绘制矩形，结果如图 2-172 所示。

（9）添加"对称"几何关系。单击"草图"工具栏中的"添加几何关系"按钮┻，弹出"添加几何关系"属性管理器，选择矩形两竖直侧边及竖直中心线，单击"对称"按钮，如图 2-173

所示，单击"确定"按钮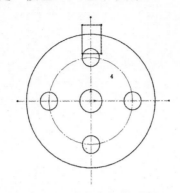，退出对话框。

入门

草图
绘制

参考几
何体

草绘特
征建模

放置特
征建模

曲线与
曲面

装配体
设计

工程图
绘制

传动体
设计

图 2-172　绘制矩形

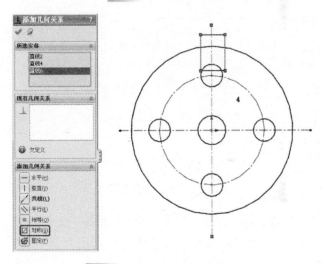

图 2-173　添加"对称"关系

（10）添加"相切"几何关系。单击"尺寸/几何关系"工
具栏中的"添加几何关系"按钮 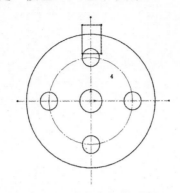，弹出"添加几何关系"
属性管理器，选择矩形竖直侧边及圆，单击"相切"按钮，
如图 2-174 所示，单击"确定"按钮 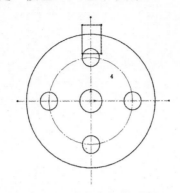，退出对话框。结果
如图 2-175 所示。

第 2 章 ● 草图绘制 ○ **79**

入门

草图
绘制

参考几
何体

草绘特
征建模

放置特
征建模

曲线与
曲面

装配体
设计

工程图
绘制

传动体
设计

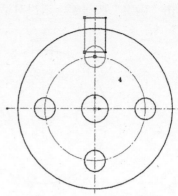

图 2-174 添加"相切"关系

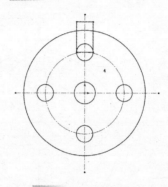

图 2-175 绘制结果

（11）修剪草图。单击"草图"工具栏中的"裁剪实体"按钮
，修剪多余图形，结果如图 2-163 所示。

2.5 尺寸标注

SolidWorks 2012 是一种尺寸驱动式系统，用户可以指定尺
寸及各实体间的几何关系，更改尺寸将改变零件的尺寸与形
状。尺寸标注是草图绘制过程中的重要组成部分。SolidWorks
虽然可以捕捉用户的设计意图，自动进行尺寸标注，但由于各

种原因有时自动标注的尺寸不理想,此时用户必须自己进行尺寸标注。

在 SolidWorks 2012 中可以使用多种度量单位,包括埃、纳米、微米、毫米、厘米、米、英寸、英尺。设置单位的方法在第 1 章中已讲述,这里不再赘述。

2.5.1 智能尺寸

◆ 执行方式:

"草图" → "智能尺寸" 按钮 🔷。

◆ 选项说明:

执行"智能尺寸"命令,此时光标变为 ⬚ 形状。

(1)将光标放到要标注的直线上,这时光标变为 ⬚ 形状,要标注的直线以红色高亮度显示。

(2)单击需要标注的对象,则标注尺寸线出现并随着光标移动,如图 2-176a 所示。

(3)将尺寸线移动到适当的位置后单击,则尺寸线被固定下来。

(4)如果在"系统选项"对话框的"系统选项"选项卡中勾选了"输入尺寸值"复选框,则当尺寸线被固定下来时会弹出"修改"对话框,如图 2-176b 所示。

(5)在"修改"对话框中输入直线的长度,单击"确定"按钮 ✅,完成标注。

(6)如果没有勾选"输入尺寸值"复选框,则需要双击尺寸值,打开"修改"对话框对尺寸进行修改。

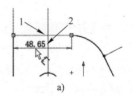
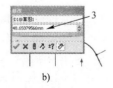

a)　　　　　　　　　　　　　　　　　　b)

▬ 图 2-176　直线标注

a) 拖动尺寸线　b) 修改尺寸值

入门

草图绘制

参考几何体

草绘特征建模

放置特征建模

曲线与曲面

装配体设计

工程图绘制

传动体设计

入门

草图
绘制

参考几
何体

草绘特
征建模

放置特
征建模

曲线与
曲面

装配体
设计

工程图
绘制

传动体
设计

为一个或多个所选实体生成尺寸，分别如图 2-177～图 2-179 所示。

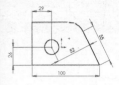

图 2-177　线性尺寸

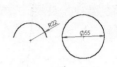

图 2-178　直径和
半径尺寸

图 2-179　不同的
夹角角度

2.5.2　实例——气缸体截面草图

本例绘制气缸体截面草图如图 2-180 所示。

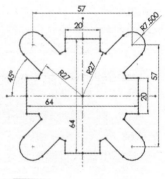

图 2-180　气缸体截面草图

绘制步骤

（1）在"FeatureManager 设计树"中选择"前视基准面"作为草图绘制基准面，单击"草图绘制"按钮，新建一张草图。

（2）单击"草图"工具栏中的"中心线"按钮，绘制垂直相交的中心线；再单击"草图"工具栏中的"直线"按钮和"圆心/起/终点画弧"按钮，绘制直线段和圆弧；单击"尺寸/几何关系"工具栏中的"智能尺寸"按钮，标注尺寸，如图 2-181 所示。

（3）单击"草图"工具栏中的"圆" ⊘ 和"直线" ＼ 按钮，绘制一个圆和两条直线段，如图 2-182 所示。

（4）按住〈Ctrl〉键分别选择两条直线段和圆，将几何关系添加为"相切"，使两线段均与圆相切。

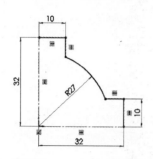

图 2-181　绘制截面草图

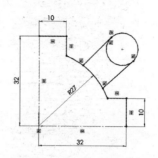

图 2-182　绘制圆和直线段

（5）单击"草图"工具栏中的"剪裁实体"按钮 ⚒，裁剪多余的圆弧，如图 2-183 所示。

（6）单击"尺寸/几何关系"工具栏中的"智能尺寸"按钮 ◈，标注尺寸，如图 2-184 所示。

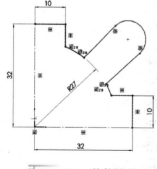

图 2-183　裁剪图形

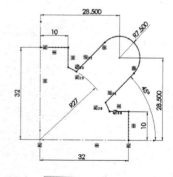

图 2-184　标注尺寸

（7）单击"草图"工具栏中的"圆周草图阵列"按钮 ❖，选择草图进行阵列，阵列数目为"4"，如图 2-185 所示。

（8）单击"草图"工具栏中的"退出草图"按钮 ❏，最终生

入门

草图
绘制

参考几
何体

草绘特
征建模

放置特
征建模

曲线与
曲面

装配体
设计

工程图
绘制

传动体
设计

成的草图如图 2-186 所示。单击"标准"工具栏中的"保存"按钮🖫，将文件保存为"气缸体截面草图.sldprt"。

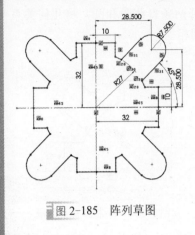

图 2-185　阵列草图

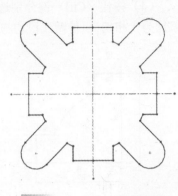

图 2-186　气缸体截面草图

第3章

参考几何体

参考几何体指参考指令。在模型绘制过程中选择基准时，一般选择实体基准面、点、坐标系等，但有时无法直接使用上述基准参考，可利用参考几何体中的命令，创建所需基准参考。本章详细讲解参考几何体的设置。

3.1 基准面

参考几何体主要包括基准面、基准轴、坐标系与点4个部分。"参考几何体"工具栏如图3-1所示。

基准面主要应用于零件图和装配图中，可以利用基准面来绘制草图、生成模型的剖面视图、用于拔模特征中的中性面等。

图 3-1 "参考几何体"工具栏

3.1.1 创建基准面

◆执行方式：

"草图"→" 基准面"按钮 。

执行该命令后，打开"基准面"属性管理器，如图3-2所示。

◆选项说明：

SolidWorks提供了前视基准面、上视基准面和右视基准面3个默认的相互垂直的基准面。通常情况下，用户在这3个基准面上绘制草图，然后使用特征命令创建实体模型即可绘制需要的图形。但是，对于一些特殊的特征，比如扫描特征和放样特征，需要在不同的基准面上绘制草图，才能完成模型的构建，这就需要创建新的基准面。

创建基准面有 6 种方式，分别是：通过直线/点方式、点和平行面方式、夹角方式、等距距离方式、垂直于曲线方式与曲面切平面方式。下面详细介绍这几种创建基准面的方式。

3.1.2　通过直线/点方式

该方式创建的基准面有 3 种：通过边线、轴，通过草图线及点，通过三点。方法如下。

（1）打开随书光盘：源文件/3/3.1.2.sldprt
文件，如图 3-2 所示，单击"草图"→"基准
面"按钮🈳，打开"基准面"属性管理器，如
图 3-3 所示。

图 3-2　实体模型

（2）在"基准面"属性管理器"第一参考"选项框中，选择如图 3-2 所示边线 1。在"第二参考"选项框中，选择如图 3-2所示边线 2 的中点。"基准面"属性管理器设置如图 3-3 所示。

（3）单击"基准面"属性管理器中的"确定"按钮✅，创建的基准面 1 如图 3-4 所示。

图 3-3　"基准面"属性管理器 1　　　图 3-4　创建的基准面

3.1.3 点和平行面方式

该方式用于创建通过点且平行于基准面或者面的基准面。方法如下。

（1）打开随书光盘：源文件/3/3.1.2.sldprt 文件，如图 3-5 所示，单击"草图"→"基准面"按钮，此时系统弹出"基准面"属性管理器，如图 3-3 所示。

（2）在"基准面"属性管理器"第一参考"选项框中，选择如图 3-5 所示边线 1 的中点。在"第二参考"选项框中，选择如图 3-5 所示面 2。"基准面"属性管理器设置如图 3-6 所示。

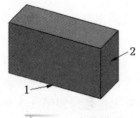

图 3-5　实体模型

（3）单击"基准面"属性管理器中的"确定"按钮，创建的基准面 2 如图 3-7 所示。

图 3-6　"基准面"属性管理器 2　　　　图 3-7　创建的基准面 2

入门

草图
绘制

参考几
何体

草绘特
征建模

放置特
征建模

曲线与
曲面

装配体
设计

工程图
绘制

传动体
设计

3.1.4　夹角方式

该方式用于创建通过一条边线、轴线或者草图线，并与一个面或者基准面成一定角度的基准面。方法如下。

（1）打开随书光盘：源文件 /3/3.1.2.sldprt 文件，如图 3-8 所示，单击"草图"→"基准面"按钮 ⬙，此时系统弹出"基准面"属性管理器，如图 3-3 所示。

　　　　　　　　　　　　图 3-8　实体模型

（2）在"基准面"属性管理器"第一参考"选项框中，选择如图 3-8 所示的面 1。在"第二参考"选项框中，选择如图 3-8 所示的边线 2。此时"基准面"属性管理器设置如图 3-9 所示，夹角为"60°"。

（3）单击"基准面"属性管理器中的"确定"按钮 ✔，创建的基准面 3 如图 3-10 所示。

图 3-9　"基准面"属性管理器 3　　　图 3-10　创建的基准面 3

88 ○ SolidWorks 2012 中文版工程设计速学通

3.1.5 等距距离方式

该方式用于创建平行于一个基准面或者面，并等距指定距离的基准面。方法如下。

（1）打开随书光盘：源文件/3/3.1.2.sldprt 文件，如图 3-11 所示，单击"草图"→"基准面"按钮，此时系统弹出"基准面"属性管理器，如图 3-3 所示。

（2）在"基准面"属性管理器"第一参考"选项框中，选择如图 3-11 所示的面 1。"基准面"属性管理器设置如图

图 3-11　实体模型

3-12 所示，距离为"20"。勾选"基准面"属性管理器中的"反向"复选框，可以设置生成基准面相对于参考面的方向。

（3）单击"基准面"属性管理器中的"确定"按钮，创建的基准面 4 如图 3-13 所示。

图 3-12　"基准面"属性管理器 4　　　图 3-13　创建的基准面 4

3.1.6 垂直于曲线方式

该方式用于创建通过一个点且垂直于一条边线或者曲线的基准面。方法如下。

（1）打开随书光盘：源文件/3/3.1.6.sldprt文件，如图 3-14 所示，单击"草图"→"基准面"按钮，此时系统弹出"基准面"属性管理器，如图 3-3 所示。

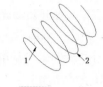

图 3-14　曲线

（2）在"基准面"属性管理器"第一参考"选项框中，选择如图 3-14 所示的点 1。在"第二参考"选项框中，选择如图 3-14 所示的曲线。"基准面"属性管理器设置如图 3-15 所示。

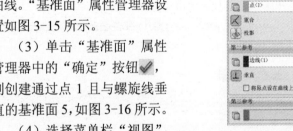

（3）单击"基准面"属性管理器中的"确定"按钮，则创建通过点 1 且与螺旋线垂直的基准面 5，如图 3-16 所示。

（4）选择菜单栏"视图"→"修改"→"旋转视图"命令，将视图以合适的方向显示，如图 3-17 所示。

图 3-15　"基准面"属性管理器 5

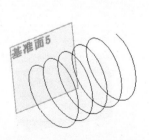

图 3-16　创建的基准面 5　　　图 3-17　旋转视图后的图形

3.1.7 曲面切平面方式

该方式用于创建一个与空间面或圆形曲面相切于一点的基准面。方法如下。

（1）打开随书光盘：源文件/3/3.1.7.sldprt 文件，如图 3-18 所示，单击"草图"→"基准面"按钮，此时系统弹出"基准面"属性管理器，如图 3-3 所示。

（2）在"基准面"属性管理器"第一参考"选项框中，选择如图 3-18 所示的面 1。在"第二参考"选项框中，选择右视基准面。"基准面"属性管理器设置如图 3-19 所示。

图 3-18　实体模型

（3）单击"基准面"属性管理器中的"确定"按钮，则创建与圆柱体表面相切且垂直于右视基准面的基准面 6，如图 3-20 所示。

图 3-19　"基准面"属性管理器 6　　图 3-20　创建的基准面 6

第 3 章 ● 参考几何体 ○ 91

入门

草图
绘制

参考几
何体

草绘特
征建模

放置特
征建模

曲线与
曲面

装配体
设计

工程图
绘制

传动体
设计

3.2 基准轴

基准轴通常在草图几何体或者圆周阵列中使用。

3.2.1 创建基准轴

◆ 执行方式：

"草图" → "基准轴" 按钮 。

执行该命令后，打开"基准轴"属性管理器，如图 3-21 所示。

◆ 选项说明：

（1）每一个圆柱和圆锥面都有一条轴线。临时轴是由模型中的圆锥和圆柱隐含生成的，可以选择菜单栏中的"视图"→"临时轴"命令来隐藏或显示所有的临时轴。

（2）创建基准轴有 5 种方式，分别是：一直线/边线/轴方式、两平面方式、两点/顶点方式、圆柱/圆锥面方式，以及点和面/基准面方式。下面详细介绍这几种创建基准轴的方式。

3.2.2 一直线/边线/轴方式

选择一草图的直线、实体的边线或者轴，创建所选直线所在的轴线。方法如下。

（1）打开随书光盘：源文件/3/3.2.2.sldprt 文件，如图 3-22 所示，单击"草图"→"基准轴"按钮 ，打开"基准轴"属性管理器，如图 3-21 所示。

（2）在"基准轴"属性管理器"第一参考"选项框中，选择如图 3-22 所示的线 1。"基准轴"属性管理器设置如图 3-21 所示。

（3）单击"基准轴"属性管

图 3-21 "基准轴"属性管理器 1

理器中"确定"按钮 ，创建边线 1 所在的基准轴 1，如图 3-23 所示。

图 3-22　实体模型

图 3-23　创建的基准轴 1

3.2.3　两平面方式

将所选两平面的交线作为基准轴。方法如下。

（1）打开随书光盘：源文件/3/3.2.2.sldprt 文件，如图 3-24 所示，单击"草图"→"基准轴"按钮 ，打开"基准轴"属性管理器，如图 3-21 所示。

（2）在"基准轴"属性管理器"第一参考"选项框中，选择如图 3-24 所示的面 1。在"第二参考"选项框中，选择如图 3-24 所示的面 2。"基准轴"属性管理器设置如图 3-25 所示。

（3）单击"基准轴"属性管理器中的"确定"按钮 ，以两平面的交线创建的基准轴 2 如图 3-26 所示。

图 3-24　实体模型

图 3-25　"基准轴"属性管理器 2　　　　图 3-26　创建的基准轴 2

第 3 章 ● 参考几何体 ○ 93

3.2.4 两点/顶点方式

将两个点或者两个顶点的连线作为基准轴。方法如下。

（1）打开随书光盘：源文件/3/3.2.2.sldprt 文件，如图 3-27 所

示，单击"草图"→"基准轴"按钮，
打开"基准轴"属性管理器，如图 3-21
所示。

（2）在"基准轴"属性管理器"第
一参考"选项框中，选择如图 3-27 所
示的点 1。在"第二参考"选项框中，
选择如图 3-27 所示的点 2。"基准轴"
属性管理器设置如图 3-28 所示。

图 3-27　实体模型 4

（3）单击"基准轴"属性管理器中的"确定"按钮，以两
顶点的交线创建的基准轴 3 如图 3-29 所示。

图 3-28　"基准轴"属性管理器 3 　　　图 3-29　创建的基准轴 3

3.2.5 圆柱/圆锥面方式

选择圆柱面或者圆锥面，将其临时轴确定为基准轴。方法如下。

（1）打开随书光盘：源文件/3/3.2.5.sldprt 文件，如图 3-30
所示，单击"草图"→"基准轴"按钮，打开"基准轴"属
性管理器，如图 3-21 所示。

（2）在"基准轴"属性管理器"第一参考"选项框中，选择如图 3-30 所示的面 1。"基准轴"属性管理器设置如图 3-31 所示。

（3）单击"基准轴"属性管理器中的"确定"按钮 ✅，将圆柱体临时轴确定为基准轴 4，如图 3-32 所示。

图 3-30　实体模型

图 3-31　"基准轴"属性管理器 4

图 3-32　创建的基准轴 4

3.2.6　点和面/基准面方式

选择一曲面或者基准面以及顶点、点或者中点，创建一个通过所选点并且垂直于所选面的基准轴。方法如下。

（1）打开随书光盘：源文件/3/3.2.6.sldprt 文件，如图 3-33 所示，单击"草图"→"基准轴"按钮 ✎，打开"基准轴"属性管理器，如图 3-21 所示。

（2）在"基准轴"属性管理器在"第二参考"选项框中，选择如图 3-33 所示的边线 2 的中点。"基准轴"属性管理器设置如图 3-34 所示。

（3）单击"基准轴"属性管理器中的

图 3-33　实体模型

第 3 章 ● 参考几何体 ◯ **95**

入门

草图
绘制

参考几
何体

草绘特
征建模

放置特
征建模

曲线与
曲面

装配体
设计

工程图
绘制

传动体
设计

"确定"按钮 ✓，创建通过边线 2 的中点且垂直于面 1 的基准轴 5。

（4）单击"标准视图"工具栏中的"旋转视图"按钮 ⟳，将视图以合适的方向显示，创建的基准轴 5 如图 3-35 所示。

图 3-34 "基准轴"属性管理器 5   图 3-35 创建的基准轴 5

3.3 坐标系

坐标系可用于将 SolidWorks 文件输出至 IGES、STL、ACIS、STEP、Parasolid、VRML 和 VDA 文件。

◆ 执行方式：

"草图"→"坐标系"按钮 ↳。

执行该命令后，打开"坐标系"属性管理器，如图 3-36 所示。操作方法如下。

（1）打开随书光盘：源文件/3/3.3.sldprt 文件，如图 3-37 所示，单击"草图"→"基准轴"按钮 ↘，打开"坐标系"属性管理器，如图 3-36 所示。

（2）在"坐标系"属性管理器 ↳（原点）选项中，选择如图 3-37 所示的点 A；在"X 轴"选项中，选择如图 3-37 所示的边线 1；在"Y 轴"选项中，选择如图 3-37 所示的边线 2；在"Z 轴"选项中，选择如图 3-37 所示的边线 3。"坐标系"属性管理器设置如图 3-36 所示，单击"方向"按钮 ⟳，改变轴线方向。

图 3-36　"坐标系"属性管理器型

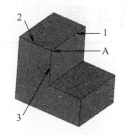

图 3-37　实体模型

（3）单击"坐标系"属性管理器中的"确定"按钮 ✓，创建的新坐标系 1 如图 3-38 所示。此时所创建的坐标系 1 也会出现在"FeatureManger 设计树"中，如图 3-39 所示。

图 3-38　创建的坐标系 1

图 3-39　FeatureManger 设计树

👺 技巧荟萃

在"坐标系"属性管理器中，每一步设置都可以形成一个新的坐标系，并可以单击"方向"按钮调整坐标轴的方向。

入门

草图绘制

参考几何体

草绘特征建模

放置特征建模

曲线与曲面

装配体设计

工程图绘制

传动体设计

入门

草图
绘制

参考几
何体

草绘特
征建模

放置特
征建模

曲线与
曲面

装配体
设计

工程图
绘制

传动体
设计

第 4 章

草绘特征建模

基础特征建模是三维实体最基本的绘制方式，可以构成三维实体的基本造型。基础特征建模相当于二维草图中的基本图元，是最基本的三维实体绘制方式。基础特征建模主要包括拉伸特征、拉伸切除特征、旋转特征、旋转切除特征、扫描特征与放样特征等。

4.1 特征建模基础

在 SolidWorks 工具栏空白处单击右键弹出快捷菜单，选择"特征"命令，弹出"特征"工具栏，如图 4-1 所示，显示基础建模特征。同时 SolidWorks 提供了专用的"特征"工具栏，如图 4-2 所示。单击工具栏中的按钮就可以对草体实体进行相应的操作，生成需要的特征模型。

图 4-1 "特征"工具栏

图 4-2 "特征"专用工具栏

4.2 拉伸特征

拉伸特征是将一个用草图描述的截面，沿指定的方向（一般情况下是沿垂直于截面方向）延伸一段距离后所形成的特征。拉伸是 SolidWorks 模型中最常见的类型，具有相同截面、有一定长度的实体，如长方体、圆柱体等都可以由拉伸特征来形成。

4.2.1 拉伸凸台/基体

◆ 执行方式：

"特征" → "拉伸凸台/基体" 按钮 📑。

执行上述命令后，打开如图 4-3 所示的 "凸台-拉伸" 属性管理器。

图 4-3 "凸台-拉伸" 属性管理器

◆ 选项说明：

SolidWorks 可以对闭环和开环草图进行实体拉伸，如图 4-4 所示。所不同的是，如果草图本身是一个开环图形，则拉伸凸台/基体工具只能将其拉伸为薄壁；如果草图是一个闭环图形，则既

入门

草图绘制

参考几何体

草绘特征建模

放置特征建模

曲线与曲面

装配体设计

工程图绘制

传动体设计

入门

草图
绘制

参考几
何体

草绘特
征建模

放置特
征建模

曲线与
曲面

装配体
设计

工程图
绘制

传动体
设计

可以选择将其拉伸为薄壁特征,也可以选择将其拉伸为实体特征。

图4-4　闭环和开环草图的薄壁拉伸

（1）在弹出的"凸台-拉伸"属性管理器中勾选"薄壁特征"复选框,如果草图是开环系统则只能生成薄壁特征。

（2）在 右侧的"拉伸类型"下拉列表框中选择拉伸薄壁特征的方式。

● 单向：使用指定的壁厚向一个方向拉伸草图。

● 两侧对称：在草图的两侧各以指定壁厚的一半向两个方向拉伸草图。

● 双向：在草图的两侧各使用不同的壁厚向两个方向拉伸草图。

（3）在"厚度"文本框 中输入薄壁的厚度。

（4）默认情况下,壁厚加在草图轮廓的外侧。单击"反向"按钮 ,可以将壁厚加在草图轮廓的内侧。

（5）对于薄壁特征基体拉伸,还可以指定以下附加选项。

● 如果生成的是一个闭环的轮廓草图,可以勾选"顶端加盖"复选框,此时将为特征的顶端加上封盖,形成一个中空的零件,如图4-5a所示。

● 如果生成的是一个开环的轮廓草图,可以勾选"自动加圆角"复选框,此时自动在每一个具有相交夹角的边线上生成圆角,如图4-5b所示。

（6）单击"确定"按钮 ,完成拉伸薄壁特征的创建。

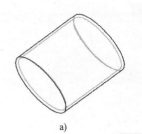
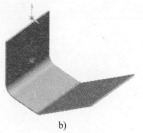

a) b)

图 4-5 薄壁

a) 中空零件 b) 带有圆角的薄壁

4.2.2 实例——手柄

本实例绘制手柄，其实体模型如图 4-6 所示。

创建步骤

（1）单击"标准"工具栏中的"新建"按钮，在弹出的"新建 SolidWorks 文件"对话框中选择"零件"按钮，然后单击"确定"按钮，创建一个新的零件文件。

（2）利用前面所学知识绘制草图，如图 4-7 所示。

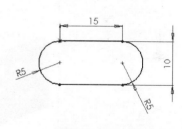

图 4-6 手柄   图 4-7 绘制草图

（3）单击"特征"工具栏中的"拉伸凸台/基体"按钮，此时系统弹出如图 4-8 所示的"凸台-拉伸"属性管理器。在"深度"一栏中输入"260"，然后单击"确定"按钮，完成拉伸特征的创建。

入门

草图
绘制

参考几
何体

草绘特
征建模

放置特
征建模

曲线与
曲面

装配体
设计

工程图
绘制

传动体
设计

图 4-8 "凸台-拉伸"属性管理器

4.2.3 拉伸切除特征

◆ 执行方式:

"特征"→"拉伸切除"按钮 。

执行上述命令后,打开"切除-拉伸"属性管理器,如图 4-9
所示。

图 4-9 "切除-拉伸"属性管理器

◆ 选项说明：

（1）在"方向1"选项组中执行如下操作。

● 在 右侧的"终止条件"下拉列表框中选择"切除－拉伸"。

● 如果勾选了"反侧切除"复选框，则将生成反侧切除特征。

● 单击"反向"按钮 ，可以向另一个方向切除。

● 单击"拔模开/关"按钮 ，可以给特征添加拔模效果。

（2）如果有必要，勾选"方向 2"复选框，将拉伸切除应用到第二个方向。

（3）如果要生成薄壁切除特征，勾选"薄壁特征"复选框，然后执行如下操作。

● 在 右侧的下拉列表框中选择切除类型：单向、两侧对称或双向。

● 单击"反向"按钮 ，可以以相反的方向生成薄壁切除特征。

● 在"深度"文本框 中输入切除的厚度。

（4）单击"确定"按钮 ，完成拉伸切除特征的创建。

如图 4-10 所示展示了利用拉伸切除特征生成的几种零件效果。

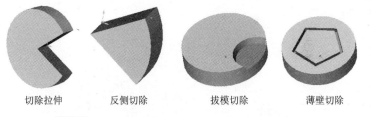

切除拉伸　　　　反侧切除　　　　拔模切除　　　　薄壁切除

图4-10　利用拉伸切除特征生成的几种零件效果

👀 技巧荟萃

下面以如图 4-11 所示为例，说明"反侧切除"复选框对拉伸切除特征的影响。如图 4-11a 所示为绘制的草图轮廓，如图 4-11b 所示为取消选择"反侧切除"复选框的拉伸切除特征；如

入门

草图绘制

参考几何体

草绘特征建模

放置特征建模

曲线与曲面

装配体设计

工程图绘制

传动体设计

图 4-11c 所示为勾选"反侧切除"复选框的拉伸切除特征。

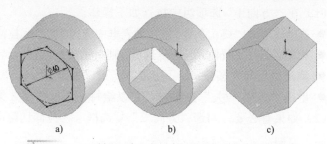

a) b) c)

图 4-11 "反侧切除"复选框对拉伸切除特征的影响

a) 绘制的草图轮廓　b) 未选择复选框的特征图形　c) 选择复选框的特征图形

4.2.4 实例——压盖

本实例使用草图绘制命令建模，并用到特征工具栏中的相关命令进行实体操作，最终完成如图 4-12 所示压盖的绘制。

绘制步骤

（1）利用前面所学知识绘制底座草图，如图 4-13 所示，其中尺寸"180"和"68"分别表示两条斜边延长线交点到轴线之间的距离。

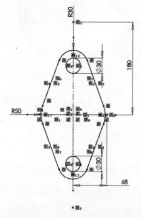

图 4-12 压盖　　　　图 4-13 压盖底座草图

入门

草图绘制

参考几何体

草绘特征建模

放置特征建模

曲线与曲面

装配体设计

工程图绘制

传动体设计

（2）单击"特征"工具栏中的"拉伸凸台/基体"按钮，
设定拉伸的终止条件为"给定深度"。在"微调"框中设置拉
伸深度为"20"，保持其他选项的系统默认值不变，如图4-14所
示。单击"确定"按钮，完成底板的创建。

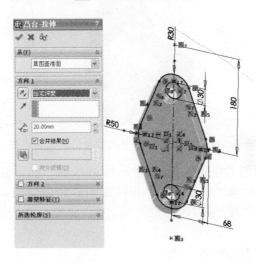

图4-14　设置拉伸参数

（3）选择上面完成的底板上表面，单击"草图绘制"按钮，
新建一张草图。单击"前导"工具栏中的"正视于"按钮，
使绘图平面转为正视方向。单击"草图"工具栏中的"圆"
按钮，以系统坐标原点为圆心绘制一个直径为90的圆，如
图4-15所示。

（4）单击"特征"工具栏中的"拉伸凸台/基体"按钮，
设定拉伸的终止条件为"给定深度"。在"微调"框中设置拉
伸深度为"100"，保持其他选项的系统默认值不变，单击"确定"
按钮，完成轴套的创建，如图4-16所示。

（5）选择上面完成的轴套上表面，单击"草图"工具栏中的
"草图绘制"按钮，新建一张草图。单击"前导"工具栏中的
"正视于"按钮，使绘图平面转为正视方向。单击"草图"工具

第4章 ● 草绘特征建模 ○ 105

入门

草图
绘制

参考几
何体

草绘特
征建模

放置特
征建模

曲线与
曲面

装配体
设计

工程图
绘制

传动体
设计

栏中的"圆"按钮⊙，以系统坐标原点为圆心绘制一个直径为70的圆，如图 4-17 所示。

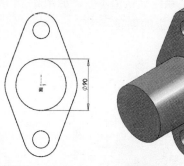

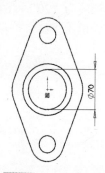

图 4-15　轴套草图　　　图 4-16　生成轴套　　　图 4-17　轴孔草图

（6）单击"特征"工具栏中的"拉伸切除"按钮▣，设定拉伸的终止条件为"完全贯穿"，保持其他选项的系统默认值不变，单击"确定"按钮✔，完成轴孔的创建，如图 4-12 所示。

4.3　旋转特征

旋转特征是由特征截面绕中心线旋转而成的一类特征，它适于构造回转体零件。旋转特征应用比较广泛，是比较常用的特征建模工具。主要应用在以下零件的建模中。

● 环形零件，如图 4-18 所示。

● 球形零件，如图 4-19 所示。

图 4-18　环形零件　　　　图 4-19　球形零件

● 轴类零件，如图 4-20 所示。

入门

草图
绘制

参考几
何体

草绘特
征建模

放置特
征建模

曲线与
曲面

装配体
设计

工程图
绘制

传动体
设计

● 形状规则的轮毂类零件，如图 4-21 所示。

图 4-20　轴类零件

图 4-21　轮毂类零件

4.3.1　旋转凸台/基体

◆ 执行方式：

"特征"→"旋转凸台/基体"按钮 ⊕。

执行上述命令后，打开"旋转"属性管理器，同时在右侧的图形区中显示生成的旋转特征，如图 4-22 所示。

图 4-22　"旋转"属性管理器

◆ 选项说明：

（1）在"旋转参数"选项组的下拉列表框中选择旋转类型。

● "单向"：草图向一个方向旋转指定的角度。如果想要向相反的方向旋转特征，单击"反向"按钮 ⊙，如图 4-23a 所示。

● "两侧对称"：草图以所在平面为中面分别向两个方向旋

入门

草图
绘制

参考几
何体

草绘特
征建模

放置特
征建模

曲线与
曲面

装配体
设计

工程图
绘制

传动体
设计

转相同的角度，如图4-23b所示。

● "两个方向"：从草图基准面以顺时针和逆时针两个方向
生成旋转特征，两个方向旋转角度为属性管理器中设定的
值。设置方向1的旋转角度与方向2的旋转角度不同，如
图4-23c所示。

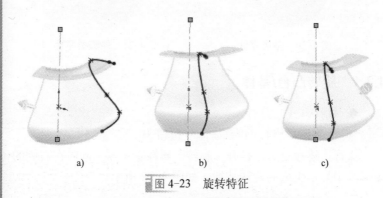

a)   b)   c)

图4-23　旋转特征

a) "单向"旋转　b) "两侧对称"旋转　c) "两个方向"旋转

（2）在"角度" 文本框中输入旋转角度。

（3）如果准备生成薄壁旋转，则勾选"薄壁特征"复选框，
然后在"薄壁特征"选项组的下拉列表框中选择拉伸薄壁类型。
这里的类型与在旋转类型中的含义完全不同，这里的方向是指薄
壁截面上的方向。

● "单向"：使用指定的壁厚向一个方向拉伸草图，默认情
况下，壁厚加在草图轮廓的外测。

● "两侧对称"：在草图的两侧各以指定壁厚的一半向两个
方向拉伸草图。

● "双向"：在草图的两侧各使用不同的壁厚向两个方向
拉伸草图。

（4）在"厚度"文本框 中指定薄壁的厚度。单击"反向"
按钮 ，可以将壁厚加在草图轮廓的内侧。

（5）单击"确定"按钮 ，完成旋转凸台/基体特征的创建。

入门

草图
绘制

参考几
何体

草绘特
征建模

放置特
征建模

曲线与
曲面

装配体
设计

工程图
绘制

传动体
设计

技巧荟萃

实体旋转特征的草图可以包含一个或多个闭环的非相交轮廓。对于包含多个轮廓的基体旋转特征，其中一个轮廓必须包含所有其他轮廓。薄壁或曲面旋转特征的草图只能包含一个开环或闭环的非相交轮廓。轮廓不能与中心线交叉。如果草图包含一条以上的中心线，则选择一条中心线用作旋转轴。

4.3.2 实例——阶梯轴

本实例绘制阶梯轴实体模型，如图 4-24 所示。

操作步骤

（1）利用前面所学知识绘制草图，如图 4-25 所示。

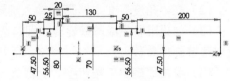

图 4-24 阶梯轴　　　　　图 4-25 绘制草图

（2）单击"特征"工具栏中的"旋转凸台/基体"按钮，此时系统弹出"旋转"属性管理器。选择旋转类型为"给定深度"，并将旋转角度设置为"360"，其他选项保持系统默认设置，然后单击"确定"按钮，结果如图 4-24。

4.3.3 旋转切除

◆ 执行方式：

"特征" → "旋转切除"按钮。

执行上述命令后，打开"切除-旋转"属性管理器，选择模型面上的一个草图轮廓和一条中心线。同时在右侧的图形区中显示生成的切除旋转特征，如图 4-26 所示。

入门

草图
绘制

参考几
何体

草绘特
征建模

放置特
征建模

曲线与
曲面

装配体
设计

工程图
绘制

传动体
设计

图 4-26 "切除-旋转"属性管理器

◆ 选项说明：

（1）在"旋转参数"选项组的下拉列表框中选择旋转类型（"单向"、"两侧对称"、"双向"）。其含义同"旋转凸台/基体"属性管理器中的"旋转类型"。

（2）在"角度"文本框 中输入旋转角度。

（3）如果准备生成薄壁旋转，则勾选"薄壁特征"复选框，设定薄壁旋转参数。

（4）单击"确定"按钮 ，完成旋转切除特征的创建。

👹 技巧荟萃

与旋转凸台/基体特征不同的是，旋转切除特征用来产生切除特征，也就是用来去除材料。如图 4-27 所示展示了旋转切除的几种效果。

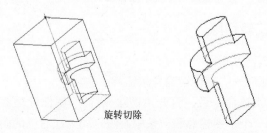

旋转切除

图 4-27 旋转切除的几种效果

4.3.4 实例——轴杆

本实例绘制轴杆实体，如图 4-28 所示。

图 4-28 轴杆

绘制步骤

（1）利用前面所学知识绘制草图，如图 4-29 所示。

（2）单击"特征"工具栏中的"旋转凸台/基体"按钮⊕，或选择"插入"→"凸台/基体"→"旋转"命令，在弹出的"旋转"属性管理器中选择"旋转方向"为"给定深度"，并将"旋转角度"设置为"360"，其他选项保持系统默认设置，如图 4-30 所示；单击"确定"按钮✓，完成轴杆实体的创建。

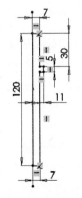

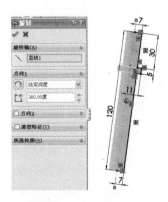

图 4-29 绘制的草图　　　图 4-30 旋转生成实体

（3）在"FeatureManager 设计树"中选择"前视基准面"作

入门

草图绘制

参考几何体

草绘特征建模

放置特征建模

曲线与曲面

装配体设计

工程图绘制

传动体设计

为草图绘制基准面，单击"草图"工具栏中的"草图绘制"按钮，新建一张草图；单击"前导"工具栏中的"正视于"按钮，使绘图平面转为正视方向。利用前面所学知识绘制草图，如图 4-31 所示。

（4）单击"特征"工具栏中的"旋转切除"按钮，在弹出的"切除-旋转"属性管理器中设置"旋转类型"为"给定深度"、"旋转角度"为"360"，如图 4-32 所示；单击"确定"按钮，生成旋转切除特征。

图 4-31 绘制的矩形草图　　　图 4-32 旋转切除实体

（5）在"FeatureManager 设计树"中选择"右视基准面"作为草图绘制基准面，单击"草图"工具栏中的"草图绘制"按钮，新建一张草图。单击"前导"工具栏中的"正视于"按钮，使绘图平面转为正视方向。利用前面所学知识绘制草图，如图 4-33 所示。

（6）单击"特征"工具栏中的"拉伸切除"按钮，在弹出的"切除-拉伸"属性管理器中设定切除终止条件为"两侧对称"，在"深度"文本框中输入"20"，其他选项保持系统默认设置，如图 4-34 所示；单击"确定"按钮，生成拉伸切除孔特征。

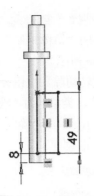

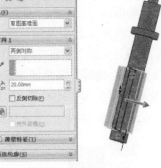

图 4-33　绘制切除草图　　　　图 4-34　切除实体

（7）在"FeatureManager 设计树"中选择"前视基准面"作为草图绘制基准面，选择"插入"→"参考几何体"→"基准面"命令，或单击"参考几何体"工具栏中的"基准面"按钮◈，在弹出的"基准面"属性管理器中单击"偏移距离"按钮⊟，设置一个与前视基准面距离为 10 的基准面 1，其他选项设置如图 4-35 所示，单击"确定"按钮✔，完成基准面 1 的创建。

图 4-35　创建基准面 1

入门

草图
绘制

参考几
何体

草绘特
征建模

放置特
征建模

曲线与
曲面

装配体
设计

工程图
绘制

传动体
设计

第 4 章 ● 草绘特征建模 ○ **113**

入门

草图绘制

参考几何体

草绘特征建模

放置特征建模

曲线与曲面

装配体设计

工程图绘制

传动体设计

（8）单击"前导"工具栏中的"正视于"按钮 ，使视图正视于基准面 1。单击"草图"工具栏中的"草图绘制"按钮 ，利用前面所学知识绘制草图，如图 4-36 所示。

（9）单击"特征"工具栏中的"旋转切除"按钮 ，在弹出的"切除-旋转"属性管理器中设置"旋转类型"为"给定深度"、"旋转角度"为"360°"，如图 4-37 所示。单击"确定"按钮 ，生成旋转切除特征，至此完成轴杆模型的创建。

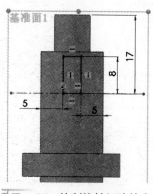

图 4-36　绘制旋转切除轮廓

图 4-37　创建旋转切除特征

4.4　扫描特征

扫描特征是指由二维草绘平面沿一平面或空间轨迹线扫描而成的一类特征。沿着一条路径移动轮廓（截面）可以生成基体、凸台、切除或曲面。如图 4-38 所示是扫描特征实例。

SolidWorks 2012 的扫描特征遵循以下规则。

● 扫描路径可以为开环或闭环。

● 路径可以是草图中包含的一组草图曲线、一条曲线或一组模型边线。

● 路径的起点必须位于轮廓的基准面上。

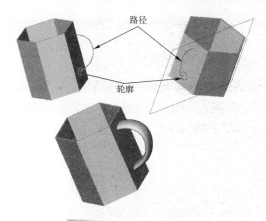

图 4-38 扫描特征实例

4.4.1 扫描

◆ 执行方式：

"特征"→"扫描"按钮 ⑥ 。

执行上述命令后，打开"扫描"属性管理器如图 4-39 所示。

图 4-39 "扫描"属性管理器

◆ 选项说明：

（1）单击"轮廓"按钮 ⑥ ，然后在图形区中选择轮廓草图。

入门

草图
绘制

参考几
何体

草绘特
征建模

放置特
征建模

曲线与
曲面

装配体
设计

工程图
绘制

传动体
设计

入门

草图
绘制

参考几
何体

草绘特
征建模

放置特
征建模

曲线与
曲面

装配体
设计

工程图
绘制

传动体
设计

（2）单击"路径"按钮 C，然后在图形区中选择路径草图。如果勾选了"显示预览"复选框，此时在图形区中将显示不随引导线变化截面的扫描特征。

（3）在"引导线"选项组中单击"引导线"按钮 ，然后在图形区中选择引导线。此时在图形区中将显示随引导线变化截面的扫描特征。

（4）如果存在多条引导线，可以单击"上移"按钮 或"下移"按钮 ，改变使用引导线的顺序。

同时在右侧的图形区中显示生成的扫描特征，如图 4-39 所示。

（5）在"方向/扭转类型"下拉列表框中，选择以下选项之一。

● 随路径变化：草图轮廓随路径的变化而变换方向，其法线与路径相切，如图 4-40a 所示。

● 保持法向不变：草图轮廓保持法线方向不变，如图 4-40b 所示。

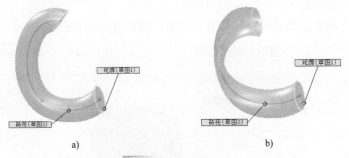

a)   b)

图 4-40 扫描特征

a) 随路径变化 b) 保持法向不变

（6）如果要生成薄壁特征扫描，则勾选"薄壁特征"复选框，从而激活薄壁选项。

● 选择薄壁类型（单向、两侧对称或双向）。

● 设置薄壁厚度。

（7）扫描属性设置完毕，单击"确定"按钮 。

入门

草图
绘制

参考几
何体

草绘特
征建模

放置特
征建模

曲线与
曲面

装配体
设计

工程图
绘制

传动体
设计

4.4.2 实例——弯管

本实例首先利用"拉伸"命令拉伸一侧管头，再利用"扫描"命令扫描弯管管道，最后利用"拉伸"命令拉伸另侧管头，绘制的弯管如图 4-41 所示。

绘制步骤

（1）在左侧的"FeatureManager 设计树"中选择"上视基准面"，利用前面所学知识绘制草图，如图 4-42 所示。

图 4-41 弯管

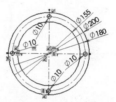

图 4-42 法兰草图

（2）单击"特征"工具栏中的"拉伸凸台/基体"按钮，设定拉伸的"终止条件"为"给定深度"。在"深度"列表框中设置"拉伸深度"为"10"，保持其他选项的系统默认值不变，设置如图 4-43 所示。单击"确定"按钮，完成法兰的创建，如图 4-44 所示。

图 4-43 "凸台-拉伸"属性管理器

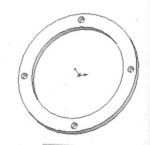

图 4-44 法兰

第 4 章 ● 草绘特征建模 ○ **117**

（3）选择法兰的上表面，单击"草图"工具栏中的"草图绘制"按钮 🖉，新建一张草图。

（4）单击"前导"工具栏中的"正视于"按钮 🔱，正视于该草图平面。

（5）单击"草图"工具栏中的"圆"按钮 ⊙，分别绘制两个以原点为圆心、直径为"160"和"155"的圆作为扫描轮廓，如图 4-45 所示。

图 4-45　扫描轮廓

（6）在设计树中选择前视基准面，单击"草图"工具栏中的"草图绘制"按钮 🖉，新建一张草图。

（7）单击"前导"工具栏中的"正视于"按钮 🔱，正视于前视视图。

（8）单击"草图"工具栏中的"中心圆弧"按钮 🎯，在法兰上表面延伸的一条水平线上捕捉一点作为圆心，上表面原点作为圆弧起点，绘制一个 1/4 圆弧作为扫描路径，标注半径为"250"，如图 4-46 所示。

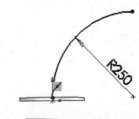

图 4-46　扫描路径

（9）单击"特征"工具栏中的"扫描"按钮 🍃，选择步骤（5）中的草图作为扫描轮廓，步骤（8）中的草图作为扫描路径，如图 4-47 所示。单击"确定"按钮 ✅，从而生成弯管部分，如图 4-48 所示。

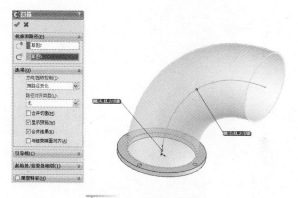

图 4-47　设置扫描参数

图 4-48　弯管

（10）选择弯管的另一端面，单击"前导"工具栏中的"正视于"按钮 🔼，正视于该草图。利用前面所学知识，绘制如图 4-49 所示另一端的法兰草图。

（11）单击"特征"工具栏中的"拉伸凸台/基体"按钮 🔲，设定拉伸的"终止条件"为"给定深度"。在"微调"框 🔧 中设置"拉伸深度"为"10"，保持其他选项的系统默认值不变，设置如图 4-50

入门

草图
绘制

参考几
何体

草绘特
征建模

放置特
征建模

曲线与
曲面

装配体
设计

工程图
绘制

传动体
设计

所示，单击"确定"按钮 ，完成法兰的创建。最后结果如图 4-41 所示。

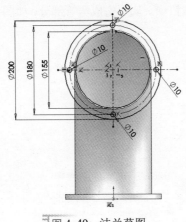

图 4-49　法兰草图

图 4-50　拉伸的设置

4.4.3　切除扫描

◆　执行方式：

"特征"→"扫描切除"按钮 。

执行上述命令后，打开"切除-扫描"属性管理器，同时在右侧的图形区中显示生成的切除扫描特征，如图 4-51 所示。

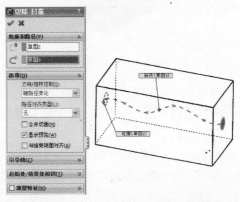

图 4-51　"切除-扫描"属性管理器

◆ 选项说明：

（1）单击"轮廓"按钮 ，然后在图形区中选择轮廓草图。

（2）单击"路径"按钮，然后在图形区中选择路径草图。如果预先选择了轮廓草图或路径草图，则草图将显示在对应的属性管理器方框内。

（3）在"选项"选项组的"方向/扭转类型"下拉列表框中选择扫描方式。

（4）其余选项同凸台/基体扫描。

（5）切除扫描属性设置完毕，单击"确定"按钮 。

4.4.4　实例——电线盒

本实例两次利用拉伸命令，拉伸盒盖、盒身，最后利用"切除扫描"命令绘制电线放置位置，绘制结果如图 4-52 所示。

图 4-52　电线盒

绘制步骤

（1）在左侧的"FeatureManager 设计树"中用鼠标选择"前视基准面"作为绘制图形的基准面。利用前面所学知识绘制草图，如图 4-53 所示。

入门

草图
绘制

参考几
何体

草绘特
征建模

放置特
征建模

曲线与
曲面

装配体
设计

工程图
绘制

传动体
设计

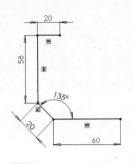

图 4-53　绘制的草图

注意

　　使用 SolidWorks 绘制草图时，不需要绘制具有精确尺寸的草图，绘制好草图轮廓后，通过标注尺寸，可以智能调整各个草图实际的大小。

　　（2）单击"草图"工具栏中的"等距实体"按钮，此时系统弹出如图 4-54 所示的"等距实体"属性管理器。在"等距距离"一栏中输入值"2"，并且是向外等距。按照图示进行设置后，单击"确定"按钮，结果如图 4-55 所示。

图 4-54　"等距实体"属性管理器

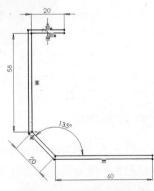

图 4-55　设置后的图形

（3）单击"草图"工具栏中的"直线"按钮\，将上一步绘制的等距实体的两端闭合。

（4）单击"特征"工具栏中的"拉伸凸台/基体"按钮，此时系统弹出如图4-56所示的"凸台-拉伸"属性管理器。在"深度"一栏中输入值"160"。按照图示进行设置后，单击"确定"按钮，结果如图4-57所示。

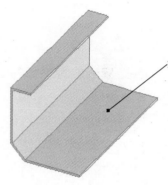

图4-56 "凸台-拉伸"属性管理器　　　图4-57 拉伸后的图形

（5）选择图4-57中的表面1，然后单击"前导"工具栏中的"正视于"按钮，将该表面作为绘制图形的基准面，利用前面所学知识绘制草图，结果如图4-58所示。

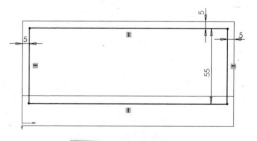

图4-58 绘制的草图

（6）单击"特征"工具栏中的"拉伸凸台/基体"按钮，

入门

草图绘制

参考几何体

草绘特征建模

放置特征建模

曲线与曲面

装配体设计

工程图绘制

传动体设计

入门

草图
绘制

参考几
何体

草绘特
征建模

放置特
征建模

曲线与
曲面

装配体
设计

工程图
绘制

传动体
设计

此时系统弹出如图4-59所示的"凸台-拉伸"属性管理器。在"深度"一栏中输入值"20"。按照图示进行设置后，单击"确定"按钮 ✔。结果如图4-60所示。

面1

图 4-59 "凸台-拉伸"属性管理器　　　　　图 4-60　拉伸后的图形

（7）选择图4-60中的面1，单击"草图"工具栏中的"草图绘制"按钮 ，然后单击"前导"工具栏中的"正视于"按钮 ，将该表面作为绘制图形的基准面。

（8）单击"草图"工具栏中的"样条曲线"按钮 ，在草绘平面绘制电线安放路径，如图4-61所示。

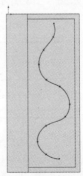

图 4-61　　绘制电线安放路径

（9）单击"参考几何体"工具栏中的"基准面"按钮，弹出"基准面"属性管理器，选择点 1 及面 1，如图 4-62 所示。

（10）选择图 4-63 中的面 1，单击"草图"工具栏中的"草图绘制"按钮，然后单击"前导"工具栏中的"正视于"按钮，将该表面作为绘制图形的基准面。利用前面所学知识绘制草图，如图 4-64 所示。

入门

草图
绘制

参考几
何体

草绘特
征建模

放置特
征建模

曲线与
曲面

装配体
设计

工程图
绘制

传动体
设计

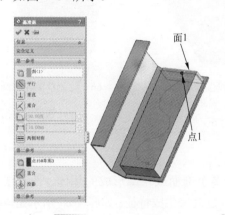

图 4-62　基准面设置

图 4-63　选择草绘基准面

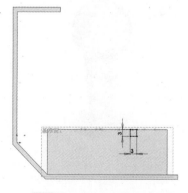

图 4-64　绘制草图轮廓

（11）单击"特征"工具栏中的"扫描切除"按钮，选择

入门

草图
绘制

参考几
何体

草绘特
征建模

放置特
征建模

曲线与
曲面

装配体
设计

工程图
绘制

传动体
设计

路径及轮廓，如图 4-65 所示，结果如图 4-66 所示。

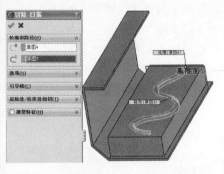 

图 4-65 "切除-扫描"属性管理器　　　　图 4-66 绘制草图轮廓结果

4.5 放样特征

所谓放样是指连接多个剖面或轮廓形成的基体、凸台或切除，通过在轮廓之间进行过渡来生成特征。如图 4-67 所示是放样特征实例。

图 4-67 放样特征实例

4.5.1 放样凸台/基体

◆ 执行方式：

"特征"→"放样凸台/基体"按钮 。

执行上述命令后，打开"放样"属性管理器，单击图 4-68 中每个轮廓上相应的点，按顺序选择空间轮廓和其他轮廓的面，此时被选择轮廓显示在"轮廓"选项组中，在右侧的图形区中显示生成的放样特征，如图 4-69 所示。

图 4-68　实体模型

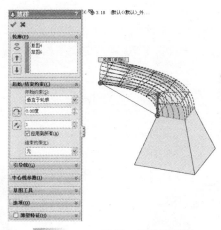

图 4-69　"放样"属性管理器

◆ 选项说明：

（1）单击"上移"按钮 <up> 或"下移"按钮 <down>，改变轮廓的顺序。此项只针对两个以上轮廓的放样特征。

（2）如果存在多条引导线，可以单击"上移"按钮 <up> 或"下移"按钮 <down>，改变使用引导线的顺序。

（3）在"中心线参数"选项组中单击"中心线框"按钮 <btn>，然后在图形区中选择中心线，此时在图形区中将显示随着中心线变化的放样特征。

（4）调整"截面数"滑杆来更改在图形区显示的预览数。

（5）如果要生成薄壁特征，则勾选"薄壁特征"复选框，从而激活薄壁选项，设置薄壁特征。

入门

草图绘制

参考几何体

草绘特征建模

放置特征建模

曲线与曲面

装配体设计

工程图绘制

传动体设计

第 4 章 ● 草绘特征建模 ○ **127**

入门

草图
绘制

参考几
何体

草绘特
征建模

放置特
征建模

曲线与
曲面

装配体
设计

工程图
绘制

传动体
设计

（6）如果要在放样的开始和结束处控制相切，则设置"起始/结束约束"选项组。

● "无"：不应用相切。

● "垂直于轮廓"：放样在起始和终止处与轮廓的草图基准面垂直。

● "方向向量"：放样与所选的边线或轴相切，或与所选基准面的法线相切。

● 所有面：放样在起始处和终止处与现有几何的相邻面相切。

通过使用空间上两个或两个以上的不同平面轮廓，可以生成最基本的放样特征。如图 4-70 所示说明了相切选项的差异。

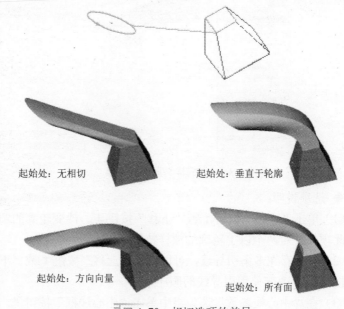

起始处：无相切   起始处：垂直于轮廓

起始处：方向向量   起始处：所有面

图 4-70   相切选项的差异

（7）如果要生成薄壁放样特征，则勾选"薄壁特征"复选框，从而激活薄壁选项。

● 选择薄壁类型（"单向"、"两侧对称"或"双向"）。

● 设置薄壁厚度。

（8）放样属性设置完毕，单击"确定"按钮 ✔，完成放样。

4.5.2　实例——显示器

本实例绘制显示器，如图 4-71 所示。

绘制步骤

（1）在左侧的"FeatureManager 设计树"中用鼠标选择"前视基准面"作为绘制图形的基准面，利用前面所学知识绘制草图，如图 4-72 所示。

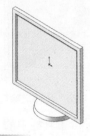

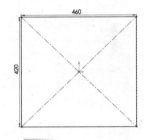

图 4-71　显示器　　　　　　　　　　图 4-72　标注的草图

（2）单击"特征"工具栏中的"拉伸凸台/基体"按钮 🔲，此时系统弹出"凸台-拉伸"属性管理器。在"深度"栏 ↕ 输入值"20"，然后单击属性管理器中的"确定"按钮 ✔。结果如图 4-73 所示。

（3）用鼠标选择图 4-73 中的表面 1 作为绘制图形的基准面。利用前面所学知识绘制草图，如图 4-74 所示。

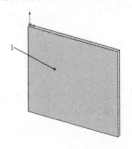

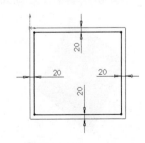

图 4-73　拉伸后的图形　　　　　　　　图 4-74　标注的草图

入门

草图绘制

参考几何体

草绘特征建模

放置特征建模

曲线与曲面

装配体设计

工程图绘制

传动体设计

（4）单击"特征"工具栏中的"拉伸切除"按钮，此时系统弹出"切除-拉伸"属性管理器，如图 4-75 所示。在"深度"栏中输入值"5"；单击"拔模开/关"按钮并在其后的"拔模角度"栏中输入值"60"。按照图示进行设置后，单击"确定"按钮。结果如图 4-76 所示。

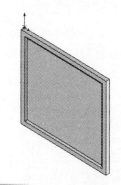

图 4-75 "切除-拉伸"属性管理器　　　图 4-76 拉伸切除后的图形

（5）选择前视基准面，然后单击"前导"工具栏中的"正视于"按钮，将该表面作为绘制图形的基准面。在草图绘制状态下，按下〈Ctrl〉键，单击所选基准面的各条外边线，然后单击"草图"工具栏中的"转换实体引用"按钮，将各条边线转化为草图图素，如图 4-77 所示。

（6）选择图 4-77 中新建基准面，然后单击"前导"工具栏中的"正视于"按钮，将该表面作为绘制图形的基准面。利用前面所学知识绘制草图，如图 4-78 所示。

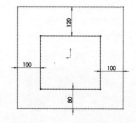

图 4-77 转换实体引用　　　图 4-78 标注的草图

（7）单击"特征"工具栏中的"放样凸台/基体"按钮 ，此时系统弹出"放样"属性管理器。在"轮廓"一栏中，依次选择刚创建的两个草图，然后单击"确定"按钮 。

（8）在"FeatureManager 设计树"中选择"基准面 1"并单击右键，在系统弹出的快捷菜单中，选择"隐藏"选项命令 。

（9）单击"视图"工具栏中的"旋转视图"按钮 ，将视图以合适的方向显示，结果如图 4-79 所示。

（10）用鼠标选择右视基准面，然后单击"前导"工具栏中的"正视于"按钮 ，将该表面作为绘制图形的基准面。利用前面所学知识绘制草图，如图 4-80 所示。

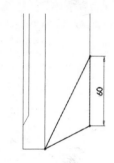

图 4-79　放样后的实体　　　　图 4-80　标注的草图

（11）单击"特征"工具栏中的"拉伸凸台/基体"按钮 ，此时系统弹出"凸台-拉伸"属性管理器。"拉伸类型"为"两侧对称"，在"深度"一栏中输入值"150"，然后单击"确定"按钮 。结果如图 4-81 所示。

（12）用鼠标选择右视基准面，然后单击"前导"工具栏中的"正视于"按钮 ，将该表面作为绘制图形的基准面。利用前面所学知识绘制草图，如图 4-82 所示。

入门

草图
绘制

参考几
何体

草绘特
征建模

放置特
征建模

曲线与
曲面

装配体
设计

工程图
绘制

传动体
设计

图 4-81　拉伸后的图形

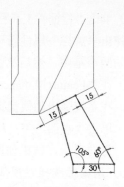

图 4-82　标注的草图

（13）单击"特征"工具栏中的"拉伸凸台/基体"按钮，此时系统弹出"凸台-拉伸"属性管理器。拉伸类型为"两侧对称"，在"深度"栏中输入值"80"，然后单击"确定"按钮。结果如图 4-83 所示。

（14）在左侧的"FeatureManager设计树"中用鼠标选择如图 4-83 所示的面 1 作为绘制图形的基准面。利用前面所学知识绘制草图，结果如图 4-84 所示。

图 4-83　拉伸结果

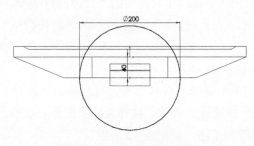

图 4-84　绘制的草图

（15）单击"特征"工具栏中的"拉伸凸台/基体"按钮，此时系统弹出如图 4-85 所示的"凸台-拉伸"属性管理器。在"深度"栏中输入值"20"；在"拔模角度"栏中输入值"15"；选择向外拔模。按照图示进行设置后，单击"确定"按钮✔。结果如图 4-71 所示。

图 4-85 "凸台-拉伸"属性管理器

4.5.3 切割放样

"切割放样"指在两个或多个轮廓之间通过移除材质来切除实体模型。

◆ 执行方式：

"特征"→"放样切割"按钮。

执行上述命令后，打开"切除-放样"属性管理器，单击每个轮廓上相应的点，按顺序选择空间轮廓和其他轮廓的面，此时被选择轮廓显示在"轮廓"选项组中，在右侧的图形区中显示生成的放样特征，如图 4-86 所示。

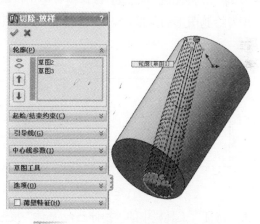

图 4-86 "切除-放样"属性管理器

◆ 选项说明：

入门

草图绘制

参考几何体

草绘特征建模

放置特征建模

曲线与曲面

装配体设计

工程图绘制

传动体设计

第 4 章 ● 草绘特征建模 ○ **133**

入门

草图
绘制

参考几
何体

草绘特
征建模

放置特
征建模

曲线与
曲面

装配体
设计

工程图
绘制

传动体
设计

（1）单击"上移"按钮↑或"下移"按钮↓，改变轮廓的顺序。此项只针对两个以上轮廓的放样特征。

（2）其余选项设置同"凸台-放样"属性管理器。

4.5.4　实例——马桶

本实例绘制马桶，如图 4-87 所示。

图 4-87　马桶

创建步骤

（1）在左侧的"FeatureManager 设计树"中用鼠标选择"前视基准面"作为绘制图形的基准面。利用前面所学知识绘制草图，如图 4-88 所示。

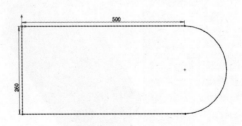

图 4-88　绘制草图

（2）单击"特征"工具栏中的"拉伸凸台/基体"按钮，弹出"凸台-拉伸"属性管理器，设置拉伸"终止条件"为"给定深度"，输入"拉伸距离"为"200"，单击"拔模开/关"按钮，输入"拔模角度"为"10",然后单击"确定"按钮 ✅。设置和结果分别如图 4-89 和图 4-90 所示。

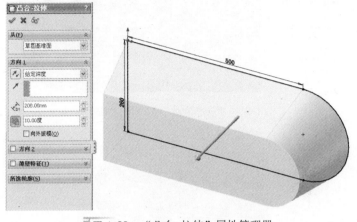

图 4-89 "凸台-拉伸"属性管理器

（3）在左侧的"FeatureManager 设计树"中用鼠标选择图 4-90 中的面 1 作为绘制图形的基准面，单击"草图"工具栏中的"草图绘制"按钮 ⬡，进入草图绘制状态。

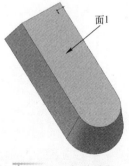

面1

图 4-90 拉伸结果

（4）单击"草图"工具栏中的"转换实体引用"按钮 ⬡，弹出"转换实体引用"属性管理器，选择实体最外侧边线，如图 4-91 所示，转换实体结果如图 4-92 所示。

第 4 章 ● 草绘特征建模 ◯ **135**

入门

草图
绘制

参考几
何体

草绘特
征建模

放置特
征建模

曲线与
曲面

装配体
设计

工程图
绘制

传动体
设计

入门

草图
绘制

参考几
何体

草绘特
征建模

放置特
征建模

曲线与
曲面

装配体
设计

工程图
绘制

传动体
设计

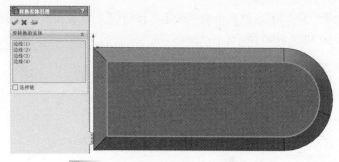

图 4-91 "转换实体引用"属性管理器

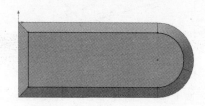

图 4-92 转换实体结果

（5）单击"参考几何体"工具栏中的"基准面"按钮 ，弹出"基准面"属性管理器，选择图 4-90 中的面 1，输入"距离"值为"200"，如图 4-93 所示。

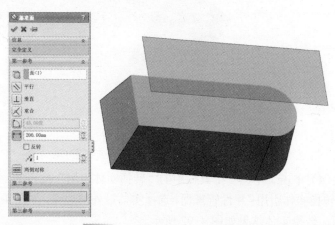

图 4-93 "基准面"属性管理器

（6）选择上步绘制的基准面，单击"草图"工具栏中的"草图绘制"按钮 🖉，然后单击"前导"工具栏中的"正视于"按钮 🛓，将该表面作为绘制图形的基准面。

（7）单击"草图"工具栏中的"转换实体引用"按钮 🗇，弹出"转换实体引用"属性管理器，选择实体内侧边线，如图 4-94 所示，转换实体结果如图 4-95 所示。

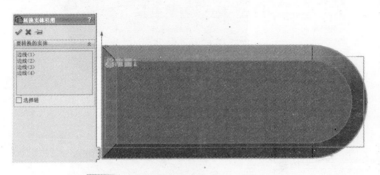

图 4-94　"转换实体引用"属性管理器

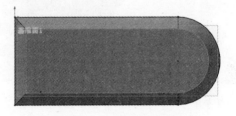

图 4-95　转换实体结果

（8）单击"特征"工具栏中的"放样凸台/基体"按钮 🔊，弹出"放样"属性管理器，在"轮廓"选项组中选择草图，其他属性选择默认值，如图 4-96 所示，然后单击"确定"按钮 🗸。

（9）依次选择基准面 1 及放样草图，右键单击弹出快捷菜单，如图 4-97 所示，选择"隐藏"命令，模型结果如图 4-98 所示。

入门

草图
绘制

参考几
何体

草绘特
征建模

放置特
征建模

曲线与
曲面

装配体
设计

工程图
绘制

传动体
设计

入门

草图
绘制

参考几
何体

草绘特
征建模

放置特
征建模

曲线与
曲面

装配体
设计

工程图
绘制

传动体
设计

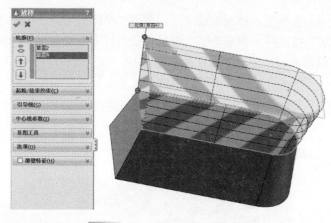

图 4-96 "放样"属性管理器

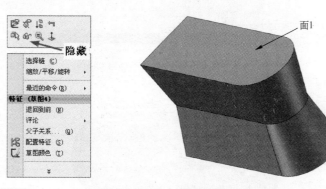

图 4-97 快捷菜单   图 4-98 放样结果

（10）选择如图 4-98 所示的面 1，单击"草图"工具栏中的"草图绘制"按钮，然后单击"前导"工具栏中的"正视于"按钮，将该表面作为绘制图形的基准面。

（11）单击"草图"工具栏中的"转换实体引用"按钮，弹出"转换实体引用"属性管理器，选择实体内侧边线，转换实体结果如图 4-99 所示。

（12）单击"草图"工具栏中的"圆"按钮，绘制圆，结果如图 4-100 所示。

入门

草图
绘制

参考几
何体

草绘特
征建模

放置特
征建模

曲线与
曲面

装配体
设计

工程图
绘制

传动体
设计

图 4-99 转换实体引用结果　　　图 4-100 绘制圆

（13）单击"草图"工具栏中的"添加几何关系"按钮⊥，选择圆及竖直直线，单击"相切"按钮，如图 4-101 所示，结果如图 4-102 所示。

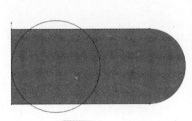

图 4-101 "添加几何关系"属性管理器　　　图 4-102 结果图

（14）单击"草图"工具栏中的"等距实体"按钮⁊，弹出"等距实体"属性管理器，如图 4-103 所示，输入"距离"值为"30"。

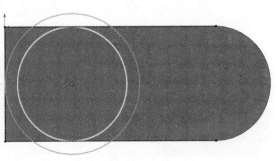

图 4-103 "等距实体"属性管理器

第 4 章 ● 草绘特征建模 ○ **139**

入门

草图
绘制

参考几
何体

草绘特
征建模

放置特
征建模

曲线与
曲面

装配体
设计

工程图
绘制

传动体
设计

（15）单击"草图"工具栏中的"裁剪实体"按钮，修剪多余对象，如图4-104所示。

（16）单击"特征"工具栏中的"拉伸凸台/基体"按钮，弹出"凸台-拉伸"属性管理器，设置"拉伸深度"为"200"，如图4-105所示，拉伸结果如图4-106所示。

图4-104　修剪结果　　　　图4-105　"凸台-拉伸"属性管理器

（17）选择图4-106所示的面1，单击"草图"工具栏中的"草图绘制"按钮，然后单击"前导"工具栏中的"正视于"按钮，将该表面作为绘制图形的基准面。

（18）单击"草图"工具栏中的"椭圆"按钮，绘制放样轮廓1，单击"草图"工具栏中的"智能尺寸"按钮，标注结果如图4-107所示。

面1

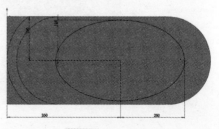

图4-106　拉伸结果　　　　图4-107　轮廓1

140 ○ SolidWorks 2012 中文版工程设计速学通

（19）单击"参考几何体"工具栏中的"基准面"按钮，弹出"基准面"属性管理器，如图 4-108 所示，选择面 1，输入"偏移距离"为"100"。

（20）选择图 4-108 所示的基准面，单击"草图"工具栏中的"草图绘制"按钮，然后单击"前导"工具栏中的"正视于"按钮，将该表面作为绘制图形的基准面。

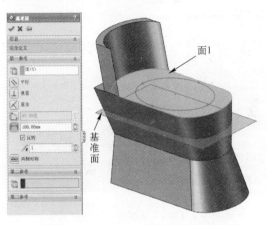

图 4-108　"基准面"属性管理器

（21）单击"草图"工具栏中的"椭圆"按钮，绘制放样轮廓 2，单击"草图"工具栏中的"智能尺寸"按钮，标注结果如图 4-109 所示。

放置特
征建模

曲线与
曲面

装配体
设计

工程图
绘制

传动体
设计

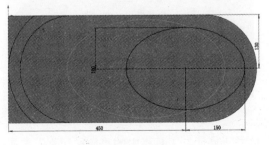

图 4-109　轮廓 2

第 4 章 ● 草绘特征建模 ○ **141**

入门

草图
绘制

参考几
何体

草绘特
征建模

放置特
征建模

曲线与
曲面

装配体
设计

工程图
绘制

传动体
设计

(22) 单击"参考几何体"工具栏中的"基准面"按钮，弹出"基准面"属性管理器，如图 4-110 所示，选择面 1，输入"偏移距离"为"200"。

(23) 选择图 4-110 所示的基准面，单击"草图"工具栏中的"草图绘制"按钮，然后单击"前导"工具栏中的"正视于"按钮，将该表面作为绘制图形的基准面。

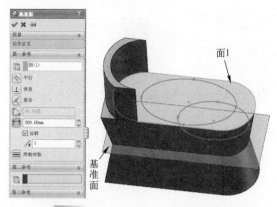

图 4-110 "基准面"属性管理器

(24) 单击"草图"工具栏中的"圆"按钮，绘制放样轮廓 3，单击"草图"工具栏中的"智能尺寸"按钮，标注结果如图 4-111 所示。

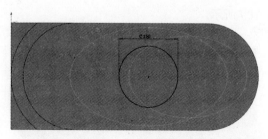

图 4-111 轮廓 3

(25) 单击"特征"工具栏中的"放样切割"按钮，弹出"切除-放样"属性管理器，如图 4-112 所示，在"轮廓"选项组

中选择上几步绘制的轮廓 1、轮廓 2、轮廓 3，单击"确定"按钮
，结果如图 4-87 所示。

入门

草图
绘制

参考几
何体

草绘特
征建模

放置特
征建模

曲线与
曲面

装配体
设计

工程图
绘制

传动体
设计

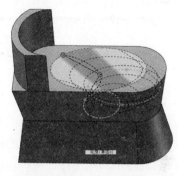

图 4-112　"切除-放样"属性管理器

入门

草图
绘制

参考几
何体

草绘特
征建模

放置特
征建模

曲线与
曲面

装配体
设计

工程图
绘制

传动体
设计

第 5 章

放置特征建模

在复杂的建模过程中，前面所学的基本特征命令有时仍不能完成相应的建模，需要利用一些高级的特征工具来完成模型的绘制或提高绘制的效率和规范性。这些功能使模型创建更精细化，能更广泛地应用于各行业。

5.1 圆角特征

使用圆角特征可以在一零件上生成内圆角或外圆角。圆角特征在零件设计中起着重要作用。大多数情况下，如果能在零件特征上加入圆角，则有助于造型上的变化，或是产生平滑的效果。在图 5-1 中，SolidWorks 提供的专用"特征"工具栏显示了特征编辑命令。

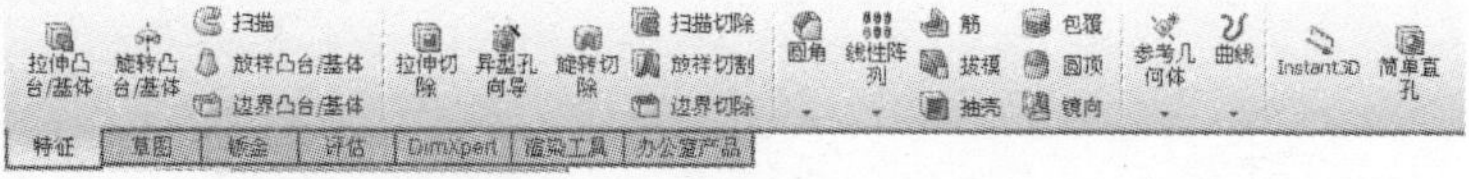

图 5-1 "特征"专用工具栏

5.1.1 创建圆角特征

◆ 执行方式：

"特征" → "圆角" 按钮 。

执行上述命令后，打开"圆角"属性管理器，如图 5-2 所示。

入门

草图
绘制

参考几
何体

草绘特
征建模

放置特
征建模

曲线与
曲面

装配体
设计

工程图
绘制

传动体
设计

◆ 选项说明：

（1）在"圆角类型"选项组中，选择所需圆角类型。SolidWorks 2012 可以为一个面上的所有边线、多个面、多个边线或边线环创建圆角特征。在 SolidWorks 2012 中有以下几种圆角特征。

- "等半径"圆角：对所选边线以相同的圆角半径进行倒圆角操作。
- "多半径"圆角：可以为每条边线选择不同的圆角半径值。
- "圆形角"圆角：通过控制角部边线之间的过渡，消除或平滑两条边线汇合处的尖锐接合点。

图 5-2　"圆角"属性管理器

- "逆转"圆角：可以在混合曲面之间沿着零件边线进入圆角，生成平滑过渡。
- "变半径"圆角：可以为边线的每个顶点指定不同的圆角半径。
- "混合面"圆角：通过它可以将不相邻的面混合起来。

如图 5-3 所示展示了几种圆角特征效果。

等半径圆角

多半径圆角

圆形角圆角

逆转圆角

变半径圆角

混合面圆角

图 5-3　圆角特征效果

入门

草图
绘制

参考几
何体

草绘特
征建模

放置特
征建模

曲线与
曲面

装配体
设计

工程图
绘制

传动体
设计

（2）在"圆角项目"选项组的"半径"文本框 中设置圆角的半径。

（3）单击"边线、面、特征和环"按钮 右侧的列表框，然后在右侧的图形区中选择要进行圆角处理的模型边线、面或环。

（4）如果勾选了"切线延伸"复选框，则圆角将延伸到与所选面或边线相切的所有面，切线延伸效果如图 5-4 所示。

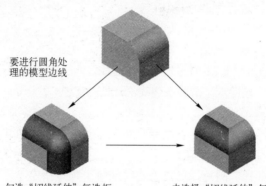

要进行圆角处理的模型边线

勾选"切线延伸"复选框　　　　　　　未选择"切线延伸"复选框

图 5-4　切线延伸效果

（5）在"圆角选项"选项组的"扩展方式"组中选择一种扩展方式。

- "默认"：系统根据几何条件（进行圆角处理的边线凸起和相邻边线等）默认选择"保持边线"或"保持曲面"选项。
- "保持边线"：系统将保持邻近的直线形边线的完整性，但圆角曲面断裂成分离的曲面。在许多情况下，圆角的顶部边线中会有沉陷，如图 5-5a 所示。
- "保持曲面"：使用相邻曲面来剪裁圆角，因此圆角边线是连续且光滑的，但是相邻边线会受到影响，如图 5-5b 所示。

（6）圆角属性设置完毕，单击"确定"按钮 ，生成等半径圆角特征。

a)   b)

图 5-5 保持边线与曲面

a) 保持边线   b) 保持曲面

5.1.2 实例——陀螺

本实例绘制陀螺，如图 5-6 所示。

（1）选择菜单栏中的"文件"→"新建"命令，创建一个新的零件文件。在左侧的"FeatureManager 设计树"中用鼠标选择"前视基准面"作为绘制图形的基准面。单击"草图"工具栏中的"圆"按钮⊙，以原点为圆心绘制一个圆，圆的大小不限，如图 5-7 所示。

（2）单击"草图"工具栏中的"智能尺寸"按钮⟨，然后单击圆的边缘一点，此时系统弹出"修改"属性管理器，在属性管理器中输入设计的尺寸。如图 5-8 所示，单击属性管理器中的"确定"按钮✓。

图 5-6 陀螺   图 5-7 绘制的草图   图 5-8 标注后的草图

注意

绘制的草图，在未定义时系统默认为蓝色，在完全定义后，图形的颜色将变为黑色。标注中的其他颜色遵循系统默认。

入门

草图绘制

参考几何体

草绘特征建模

放置特征建模

曲线与曲面

装配体设计

工程图绘制

传动体设计

（3）单击"特征"工具栏中的"拉伸凸台/基体"按钮🖾，此时系统弹出如图 5-9 所示的"凸台-拉伸"属性管理器。按照图示进行设置后，单击"确定"按钮✔，结果如图 5-10 所示。

（4）用鼠标选择图 5-10 中的表面 1，然后单击"前导"工具栏中的"正视于"按钮🔱，将该表面作为绘制图形的基准面绘制草图，结果如图 5-11 所示。

（5）设置视图方向。单击"标准视图"工具栏中的"等轴测"按钮🔲，将视图以等轴测方式显示。

📷 图 5-9 "凸台-拉伸"
　　　　　　属性管理器

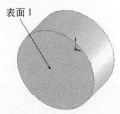

📷 图 5-10 拉伸后的图形

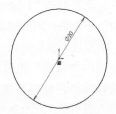

📷 图 5-11 草图

✳ 注意

在使用 SolidWorks 绘制草图时，为了直观地显示草图，需要正视于绘制草图的基准面，在对草图进行 3D 操作时，同样为了更好地观测视图，需要将图形设置为等轴测显示。

（6）单击"特征"工具栏中的"拉伸凸台/基体"按钮🖾，此时系统弹出如图 5-12 所示的"凸台-拉伸"属性管理器。在"深度"一栏中输入值"10"；在"拔模角度"一栏中输入值"43"。单击"确定"按钮✔，结果如图 5-13 所示。

（7）在左侧的"FeatureManager 设计树"中用鼠标选择 "上视基准面"，然后单击"前导"工具栏中的"正视于"按钮⬐，将该基准面作为绘制图形的基准面，利用前面所学知识绘制草图，结果如图 5-14 所示。

图 5-13　拉伸后的图形

图 5-12　"凸台-拉伸"属性管理器　　　　图 5-14　草图

（8）单击"特征"工具栏中的"旋转凸台/基体"按钮⬌，此时弹出如图 5-15 所示的提示框。单击属性管理器中的"是"按钮，然后单击"标准视图"工具栏中的"等轴测"按钮⬜，结果如图 5-16 所示。

图 5-15　系统提示框

 注意

在使用"旋转凸台/基体"命令时，需要有一个旋转轴和一个要旋转的草图。需要生成实体时，草图是应闭合的；需要生成薄壁特征时，草图应是非闭合的。

第 5 章 ● 放置特征建模 ○ **149**

入门

草图
绘制

参考几
何体

草绘特
征建模

放置特
征建模

曲线与
曲面

装配体
设计

工程图
绘制

传动体
设计

（9）单击"特征"工具栏中的"圆角"按钮，此时系统弹出如图 5-17 所示的"圆角"属性管理器。在其中"半径"一栏中输入值"2"，然后用鼠标选取图 5-16 中的边线 1，结果如图 5-18 所示。

（10）单击"视图"工具栏中的"旋转视图"按钮，将视图以合适的方向显示，结果如图 5-6 所示。

边线 1

图 5-16　旋转后的图形

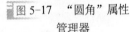

图 5-17　"圆角"属性管理器

图 5-18　圆角后图形

5.2　倒角特征

在零件设计过程中，通常对锐利的零件边角进行倒角处理，以防止伤人和避免应力集中，便于搬运、装配等。此外，有些倒角特征也是机械加工过程中不可缺少的工艺。与圆角特征类似，倒角特征是对边或角进行倒角。如图 5-19 所示是应用倒角特征后的零件实例。

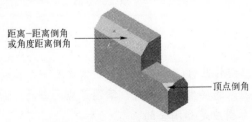

距离-距离倒角
或角度距离倒角

顶点倒角

图 5-19　倒角特征零件实例

5.2.1 创建倒角特征

◆ 执行方式:

"特征"→"倒角"按钮 。

执行上述命令后,打开"倒角"属性管理器,如图 5-20 所示。

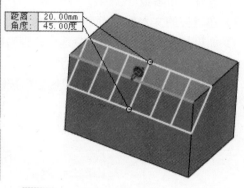

图 5-20 设置倒角参数

◆ 选项说明:

(1) 在"倒角"属性管理器中选择倒角类型。

● "角度距离":在所选边线上指定距离和倒角角度来生成
   倒角特征,如图 5-21a 所示。

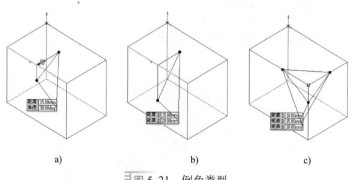

a)   b)   c)

图 5-21 倒角类型

a) "角度距离"   b) "距离-距离"   c) "顶点"

入门

草图绘制

参考几何体

草绘特征建模

放置特征建模

曲线与曲面

装配体设计

工程图绘制

传动体设计

第 5 章 ● 放置特征建模 ○ **151**

入门

草图
绘制

参考几
何体

草绘特
征建模

放置特
征建模

曲线与
曲面

装配体
设计

工程图
绘制

传动体
设计

● "距离-距离"：在所选边线的两侧分别指定两个距离值来生成倒角特征，如图 5-21b 所示。

● "顶点"：在与顶点相交的 3 个边线上分别指定距顶点的距离来生成倒角特征，如图 5-21c 所示。

（2）单击按钮 右侧的列表框，然后在图形区选择边线、面或顶点，设置倒角参数。

（3）在对应的文本框中指定距离或角度值。

（4）如果勾选"保持特征"复选框，则当应用倒角特征时，会保持零件的其他特征，如图 5-22 所示。

（5）倒角参数设置完毕，单击"确定"按钮 ，生成倒角特征。

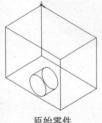 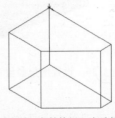 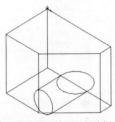

原始零件　　　　　未勾选"保持特征"[复选框　　　勾选"保持特征"复选框

图 5-22　倒角特征

5.2.2　实例——轴套

本实例绘制轴套，如图 5-23 所示。

图 5-23　轴套

绘制步骤

（1）选择菜单栏中的"文件"→"新建"命令，创建一个新的零件文件。在左侧的"FeatureManager 设计树"中选择"前视基准面"作为绘制图形的基准面。利用前面所学知识绘制草图，结果如图 5-24 所示。

（2）单击"特征"工具栏中的"拉伸凸台/基体"按钮，此时系统弹出"凸台-拉伸"属性管理器。在"深度"一栏中输入值"10"，然后单击"确定"按钮 ✓。

（3）单击"标准视图"工具栏中的"等轴测"按钮，将视图以等轴测方式显示，结果如图 5-25 所示。

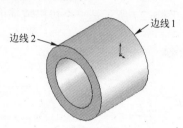

图 5-24　标注的草图　　　　图 5-25　拉伸后的图形

（4）单击"特征"工具栏中的"倒角"按钮，此时系统弹出"倒角"属性管理器，如图 5-26 所示。在"距离"一栏中输入值"0.5"，然后用鼠标选择图 5-25 中的边线 1 和边线 2。单击属性管理器中的"确定"按钮 ✓，结果如图 5-23 所示。

5.3　拔模特征

拔模是零件模型上常见的特征，

图 5-26　"倒角"属性管理器

入门

草图
绘制

参考几
何体

草绘特
征建模

放置特
征建模

曲线与
曲面

装配体
设计

工程图
绘制

传动体
设计

是以指定的角度斜削模型中所选的面。拔模经常应用于铸造零件，由于拔模角度的存在可以使型腔零件更容易脱出模具。SolidWorks 提供了丰富的拔模功能，用户既可以在现有的零件上插入拔模特征，也可以在拉伸特征的同时进行拔模。本节主要介绍在现有的零件上插入拔模特征。

下面对与拔模特征有关的术语进行说明。

● 拔模面：选取的零件表面，此面将生成拔模斜度。

● 中性面：在拔模的过程中大小不变的固定面，用于指定拔模角的旋转轴。如果中性面与拔模面相交，则相交处即为旋转轴。

● 拔模方向：用于确定拔模角度的方向。

如图 5-27 所示是一个拔模特征的应用实例。

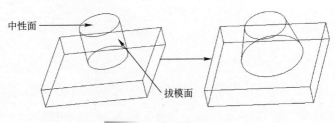

图 5-27　拔模特征实例

5.3.1　创建拔模特征

要在现有的零件上插入拔模特征，从而以特定角度斜削所选的面，可以使用中性面拔模、分型线拔模和阶梯拔模。

◆　执行方式：

"特征"→"拔模"按钮 。

执行上述命令后，打开"拔模"属性管理器。

◆　选项说明：

（1）在"拔模类型"选项组中，选择"中性面"选项。

（2）在"拔模角度"选项组的"角度"文本框 中设定拔模

角度。

（3）单击"中性面"选项组中的列表框，然后在图形区中选取面或基准面作为中性面，如图 5-28 所示。

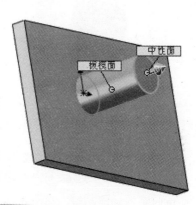

图 5-28　选取中性面

（4）图形区中的控标会显示拔模的方向，如果要向相反的方向生成拔模，单击"反向"按钮 🔄。

（5）单击"拔模面"选项组按钮 📄 右侧的列表框，然后在图形区中选取拔模面。

（6）如果要将拔模面延伸到额外的面，从"拔模沿面延伸"下拉列表框中选择以下选项。

● "沿切面"：将拔模延伸到所有与所选面相切的面。

● "所有面"：所有从中性面拉伸的面都进行拔模。

● "内部的面"：所有与中性面相邻的内部面都进行拔模。

● "外部的面"：所有与中性面相邻的外部面都进行拔模。

● "无"：拔模面不进行延伸。

（7）拔模属性设置完毕，单击"确定"按钮 ✔，完成中性面拔模特征。

（8）单击"分型线"选项组按钮 ⬡ 右侧的列表框，在图形区中选取分型线，如图 5-29a 所示。

入门

草图
绘制

参考几
何体

草绘特
征建模

放置特
征建模

曲线与
曲面

装配体
设计

工程图
绘制

传动体
设计

入门

草图
绘制

参考几
何体

草绘特
征建模

放置特
征建模

曲线与
曲面

装配体
设计

工程图
绘制

传动体
设计

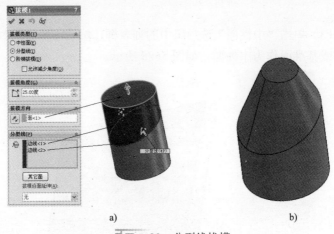

a)   b)

图 5-29   分型线拔模

a) 设置分型线拔模   b) 分型线拔模效果

（9）如果要为分型线的每一线段指定不同的拔模方向，单击
"分型线"选项组按钮 右侧列表框中的边线名称，然后单击"其
他面"按钮。结果如图 5-29b 所示。

技巧荟萃

除了中性面拔模和分型线拔模以外，SolidWorks 还提供了阶
梯拔模。阶梯拔模为分型线拔模的变体，它的分型线可以不在同
一平面内，如图 5-30 所示。

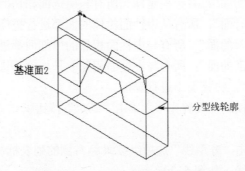

基准面2

分型线轮廓

图 5-30   阶梯拔模中的分型线轮廓

5.3.2 实例——圆锥销

绘制如图 5-31 所示的圆锥销。

绘制步骤

（1）单击"标准"工具栏中的"新建"按钮 ，在弹出的"新建 SolidWorks 文件"对话框中选择"零件"按钮 ，然后单击"确定"按钮。

图 5-31 圆锥销

（2）选择"前视基准面"作为草图绘制平面，单击"前导"工具栏中的"正视于"按钮 ，使绘图平面转为正视方向。单击"草图"工具栏中的"圆"按钮 ，以系统坐标原点为圆心，绘制圆锥销小端底圆草图，并设置其直径尺寸为 $\phi6$。

（3）单击"特征"工具栏中的"拉伸凸台/基体"按钮 ，系统弹出"凸台-拉伸"属性管理器，设置拉伸的终止条件为"给定深度"，并在"深度"文本框 中输入深度值"20"，如图 5-32 所示。单击"确定"按钮 ，结果如图 5-33 所示。

图 5-32 设置拉伸参数　　　　图 5-33 创建拉伸特征

（4）单击"特征"工具栏中的"拔模"按钮 ，系统弹出"拔模"属性管理器，在"拔模角度"文本框 中输入角度值为"1"，

入门

草图
绘制

参考几
何体

草绘特
征建模

放置特
征建模

曲线与
曲面

装配体
设计

工程图
绘制

传动体
设计

选择外圆柱面为拔模面，一端端面为中性面，如图 5-34 所示。单击"确定"按钮 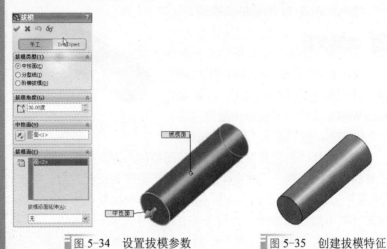，结果如图 5-35 所示。

图 5-34　设置拔模参数　　　　　图 5-35　创建拔模特征

（5）单击"特征"工具栏上的"倒角"按钮，系统弹出"倒角"属性管理器。设置"倒角类型"为"角度距离"，在"距离"文本框中输入倒角的距离值为"1"，在"角度"文本框中输入角度值为"45"。选择生成倒角特征的圆锥销棱边，如图 5-36 所示。单击"确定"按钮，完成后的圆锥销如图 5-31 所示。

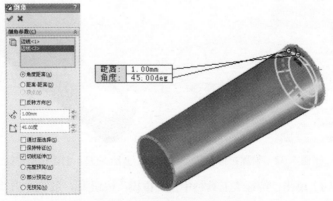

图 5-36　设置倒角生成参数

5.4 抽壳特征

抽壳特征是零件建模中的重要特征,它能使一些复杂工作变得简单化。当在零件的一个面上抽壳时,系统会掏空零件的内部,使所选择的面敞开,在剩余的面上生成薄壁特征。如果没有选择模型上的任何面,而直接对实体零件进行抽壳操作,则会生成一个闭合、掏空的模型。通常,抽壳时各个表面的厚度相等,也可以对某些表面的厚度进行单独指定,这样抽壳特征完成之后,各个零件表面的厚度就不相等了。

如图 5-37 所示是对零件创建抽壳特征后建模的实例。

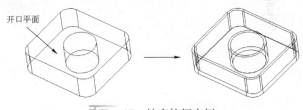

开口平面

图 5-37 抽壳特征实例

5.4.1 创建抽壳特征

◆ 执行方式:

"特征" → "抽壳" 按钮 。

执行上述命令后,打开"抽壳 1"属性管理器,如图 5-38 所示。

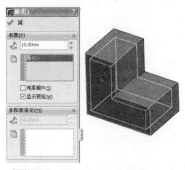

图 5-38 "抽壳 1"属性管理器

入门

草图绘制

参考几何体

草绘特征建模

放置特征建模

曲线与曲面

装配体设计

工程图绘制

传动体设计

入门

草图
绘制

参考几
何体

草绘特
征建模

放置特
征建模

曲线与
曲面

装配体
设计

工程图
绘制

传动体
设计

◆ 选项说明：

1．等厚度抽壳特征

（1）在"参数"选项组的"厚度"文本框 中指定抽壳的厚度。

（2）单击按钮 右侧的列表框，然后从右侧的图形区中选择一个或多个开口面作为要移除的面。此时在列表框中显示所选的开口面。

（3）如果勾选了"壳厚朝外"复选框，则会增加零件外部尺寸，从而生成抽壳。

（4）抽壳属性设置完毕，单击"确定"按钮 ，生成等厚度抽壳特征。

🎓 **技巧荟萃**

如果在步骤（2）中没有选择开口面，则系统会生成一个闭合、掏空的模型。

2．具有多厚度面的抽壳特征

（1）单击"多厚度设定"选项组按钮 右侧的列表框，激活多厚度设定。

（2）在图形区中选择开口面，这些面会在该列表框中显示出来。

（3）在列表框中选择开口面，然后在"多厚度设定"选项组的"厚度"文本框 中输入对应的壁厚。

（4）重复步骤（3），直到为所有选择的开口面指定了厚度。

（5）如果要使壁厚添加到零件外部，则勾选"壳厚朝外"复选框。

（6）抽壳属性设置完毕，单击"确定"按钮 ，生成多厚度抽壳特征。

🎓 **技巧荟萃**

如果想在零件上添加圆角特征，应当在生成抽壳之前对零件进行圆角处理。

5.4.2 实例——变径气管

本实例绘制变径气管，如图 5-39 所示。

图 5-39　变径气管

绘制步骤

（1）选择菜单栏中的"文件"→"新建"命令，新建一个零件文件。在"FeatureManager 设计树"中选择"前视基准面"作为草图绘制基准面，利用前面所学知识绘制草图，如图 5-40 所示。

（2）单击"特征"工具栏中的"旋转凸台/基体"按钮，弹出如图 5-41 所示"旋转"属性管理器，保持默认设置，单击"确定"按钮，完成旋转实体的创建，如图 5-42 所示。

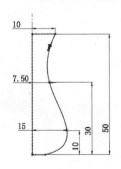

图 5-40　绘制草图　　　　图 5-41　"旋转"属性管理器

入门

草图
绘制

参考几
何体

草绘特
征建模

放置特
征建模

曲线与
曲面

装配体
设计

工程图
绘制

传动体
设计

（3）单击"特征"工具栏中的"抽壳"按钮 ⬚，或选择菜单栏中的"插入"→"特征"→"抽壳"命令。系统打开如图 5-43 所示的"抽壳 1"属性管理器，输入"抽壳距离"为"0.5"，在视图中选择图 5-42 中的面 1 为要移除的面，单击"确定"按钮 ✔。结果如图 5-39 所示。

图 5-42　旋转实体

图 5-43　"抽壳 1"属性管理器

提示

本例读者还可以绘制不封闭的草图，通过薄壁旋转创建变径气管，绘制过程如图 5-44 所示。

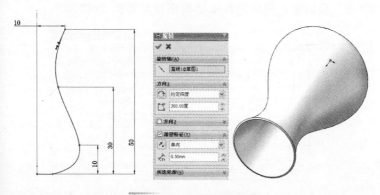

图 5-44　薄壁旋转过程

5.5 孔特征

孔特征是指在已有的零件上生成各种类型的孔。SolidWorks
提供了两大类孔特征：简单直孔和异型孔。下面结合实例介绍不
同钻孔特征的操作步骤。

5.5.1 创建简单直孔

简单直孔是指在确定的平面上，设置孔的直径和深度。孔深
度的"终止条件"类型与拉伸切除的"终止条件"类型基本相同。

◆ 执行方式：

"特征"→"简单直孔"按钮。

执行上述命令后，打开"孔"属性管理器。

◆ 选项说明：

（1）设置属性管理器。在"终止条件"下拉列表框中选择"完
全贯穿"选项，在"孔直径"文本框中输入"30"，"孔"属性
管理器设置如图 5-45 所示。

（2）单击"孔"属性管理器中的"确定"按钮，创建孔后
的实体如图 5-46 所示。

图 5-45 "孔"属性管理器　　　图 5-46 实体创建孔

（3）在"FeatureManager 设计树"中，右击步骤（2）中添加

的孔特征选项，此时系统弹出的快捷菜单如图 5-47 所示，单击其中的"编辑草图"按钮 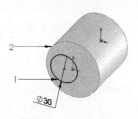，编辑草图如图 5-48 所示。

图 5-47　快捷菜单　　　　　　图 5-48　编辑草图

（4）按住〈Ctrl〉键，单击选取如图 5-48 所示的圆弧 1 和边线弧 2，此时系统弹出的"添加几何关系"属性管理器如图 5-49 所示。

（5）单击"添加几何关系"选项组中的"同心"按钮，此时"同心"几何关系显示在"现有几何关系"选项组中。为圆弧 1 和边线弧 2 添加"同心"几何关系，再单击"确定"按钮 。

（6）单击图形区右上角的"退出草绘"按钮，创建的简单孔特征如图 5-50 所示。

图 5-49　"添加几何关系"属性管理器　　图 5-50　创建的简单孔特征

技巧荟萃

　　简单孔的位置可以通过标注尺寸的方式来确定，对于特殊的图形可以通过添加几何关系来确定。

5.5.2 实例——轴承座

　　本实例绘制的轴承座如图 5-51 所示。首先依次绘制草图并拉伸实体，然后在底座上添加草图拉伸绘制肋板，然后绘制简单直孔。

🪑 绘制步骤

　　（1）单击"标准"工具栏中的"新建"按钮，弹出"新建 SolidWorks 文件"对话框，单击"零件"按钮，然后单击"确定"按钮，创建一个新的零件文件。

　　（2）在"FeatureManager 设计树"中选择"前视基准面"作为草图绘制基准面，单击"草图"工具栏中的"边角矩形"按钮，绘制草图并标注尺寸，如图 5-52 所示。

图 5-51　轴承座

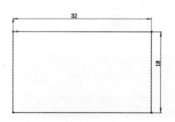

图 5-52　标注尺寸

　　（3）单击"特征"工具栏中的"拉伸凸台/基体"按钮，在弹出的"凸台-拉伸"属性管理器输入拉伸深度值并确认其他选项，具体参数设置如图 5-53 所示。单击"确定"按钮，完成凸台拉伸特征的创建，如图 5-54 所示。

入门

草图绘制

参考几何体

草绘特征建模

放置特征建模

曲线与曲面

装配体设计

工程图绘制

传动体设计

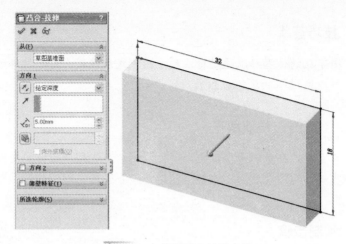

图 5-53 设置凸台拉伸参数

（4）选择图 5-54 中的面 1，单击"草图绘制"按钮，SolidWorks 将以这个平面为基础，新建一张草图。

（5）单击"草图"工具栏中的"直线"按钮和"智能尺寸"按钮，绘制并标注闭合图形，如图 5-55 所示。

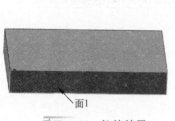

面1

图 5-54 拉伸结果

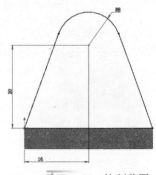

图 5-55 绘制草图

（6）单击"特征"工具栏中的"拉伸凸台/基体"按钮，弹出"凸台-拉伸"属性管理器，设置"拉伸深度"为"4"，如图 5-56 所示。最终的拉伸结果如图 5-57 所示。

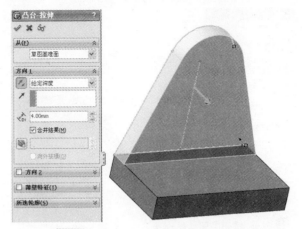

图 5-56   "凸台-拉伸"属性管理器

（7）选择图 5-57 中的面 1，单击"草图绘制"按钮 ，新建一张草图。

（8）单击"草图"工具栏中的"圆"按钮 和"智能尺寸"按钮 ，绘制并标注草图，结果如图 5-58 所示。

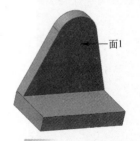

图 5-57   拉伸结果

图 5-58   绘制草图

（9）单击"特征"工具栏中的"拉伸凸台/基体"按钮 ，弹出"凸台-拉伸"属性管理器，设置"拉伸深度"为"14"，如图 5-59 所示。最终的拉伸结果如图 5-60 所示。

（10）选择上步新建的基准面，单击"草图绘制"按钮 ，新建一张草图。

入门

草图
绘制

参考几
何体

草绘特
征建模

放置特
征建模

曲线与
曲面

装配体
设计

工程图
绘制

传动体
设计

入门

草图
绘制

参考几
何体

草绘特
征建模

放置特
征建模

曲线与
曲面

装配体
设计

工程图
绘制

传动体
设计

图 5-59 "凸台-拉伸"属性管理器　　　图 5-60 拉伸结果

（11）单击"草图"工具栏中的"边角矩形"按钮□和"智能尺寸"按钮◇，绘制矩形，结果如图 5-61 所示。

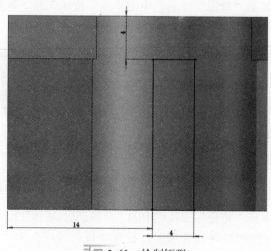

图 5-61 绘制矩形

（12）单击"特征"工具栏中的"拉伸凸台/基体"按钮，弹出"凸台-拉伸"属性管理器，设置"终止条件"为"成形到一面"，在"面/平面"文本框◇中选择圆柱面，如图 5-62 所示。

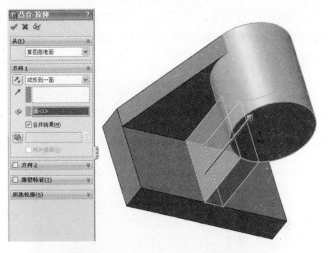

图 5-62 "凸台-拉伸"属性管理器

（13）单击"特征"工具栏中的"简单直孔"按钮 ，弹出"孔"属性管理器，设置"终止条件"为"完全贯穿"，如图 5-63 所示。

（14）在模型树中选择上步绘制的孔操作，单击右键弹出快捷菜单，如图 5-64 所示，单击"编辑草图"按钮 ，进入草图编辑环境。

图 5-63 "孔"属性管理器

图 5-64 快捷菜单

入门

草图
绘制

参考几
何体

草绘特
征建模

放置特
征建模

曲线与
曲面

装配体
设计

工程图
绘制

传动体
设计

第 5 章 ● 放置特征建模 ○ 169

入门

草图
绘制

参考几
何体

草绘特
征建模

放置特
征建模

曲线与
曲面

装配体
设计

工程图
绘制

传动体
设计

（15）单击"草图"工具栏中的"智能尺寸"按钮 ◈，标注草图尺寸，结果如图 5-65 所示。单击右上角"完成草图"按钮 ◈，退出草图编辑环境。

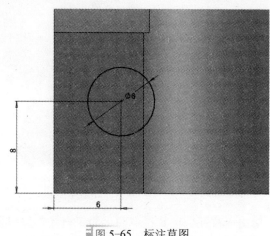

图 5-65　标注草图

（16）继续执行"简单直孔"命令，在其余面上放置孔，结果如图 5-51 所示。

5.5.3　创建异型孔

异型孔即具有复杂轮廓的孔，主要包括柱孔、锥孔、孔、螺纹孔、管螺纹孔和旧制孔 6 种。异型孔的类型和位置都是在"孔规格"属性管理器中完成。

◆　执行方式：

"特征"→"异形孔向导"按钮 🖫。

执行上述命令后，打开"孔规格"属性管理器。

◆　选项说明：

（1）在"孔类型"选项组按照图 5-66 进行设置，然后单击"位置"选项卡，此时单击"3D 草图"按钮，在如图 5-66 所示的表面上添加 4 个点。

入门

草图
绘制

参考几
何体

草绘特
征建模

放置特
征建模

曲线与
曲面

装配体
设计

工程图
绘制

传动体
设计

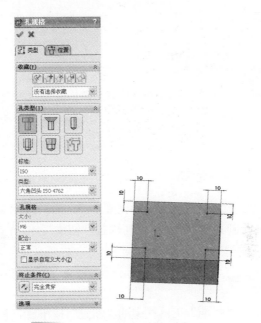

图 5-66 "孔规格"属性管理器

（2）选择草图 2，单击右键选择"编辑草图"命令，标注添加 4 个点的定位尺寸，如图 5-67 所示。单击"孔规格"属性管理器中的"确定"按钮 ✔，添加的孔如图 5-68 所示。

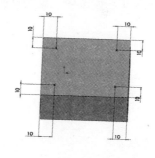

图 5-67 标注孔位置

（3）选择菜单栏"视图"→"修改"→旋转视图 ↻ 命令，将视图以合适的方向显示，旋转视图后的图形如图 5-69 所示。

第 5 章 ● 放置特征建模 ○ **171**

入门

草图
绘制

参考几
何体

草绘特
征建模

放置特
征建模

曲线与
曲面

装配体
设计

工程图
绘制

传动体
设计

图 5-68　添加孔

图 5-69　旋转视图后的图形

5.5.4　实例——底座

本实例首先绘制底座的外形轮廓草图，然后拉伸成为底座主体轮廓，再绘制其他草图，通过切除拉伸创建实体，最后创建孔。绘制的底座模型如图 5-70 所示。

绘制步骤

（1）单击"标准"工具栏中的"新建"按钮□，弹出"新建 SolidWorks 文件"对话框，单击"零件"按钮⚙，然后单击"确定"按钮，创建一个新的零件文件。

（2）在"FeatureManager 设计树"中选择"前视基准面"作为草图绘制基准面，单击"草图"工具栏中的"直线"按钮＼和"智能尺寸"按钮⚙，绘制草图并标注尺寸，如图 5-71 所示。

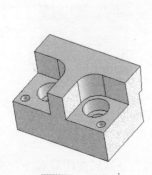

图 5-70　底座

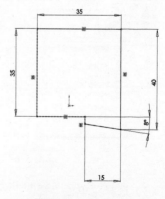

图 5-71　标注尺寸

（3）单击"特征"工具栏中的"拉伸凸台/基体"按钮，在弹出的"凸台-拉伸"属性管理器中输入拉伸深度数据并确认其他选项，具体参数设置如图 5-72 所示。单击"确定"按钮，完成凸台拉伸特征的创建，如图 5-73 所示。

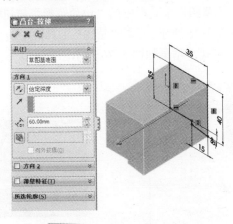

图 5-72　设置凸台拉伸参数

图 5-73　创建凸台拉伸特征

（4）在零件顶面右击，SolidWorks 将自动选定这个平面，在弹出的右键快捷菜单中列出了以后可能进行的操作，如图 5-74 所示。

（5）在弹出的快捷菜单中单击"草图绘制"按钮，SolidWorks 将以这个平面为基础，新建一张草图。

入门

草图绘制

参考几何体

草绘特征建模

放置特征建模

曲线与曲面

装配体设计

工程图绘制

传动体设计

入门

草图绘制

参考几何体

草绘特征建模

放置特征建模

曲线与曲面

装配体设计

工程图绘制

传动体设计

（6）单击"草图"工具栏中的"转换实体引用"按钮⬜，将草绘平面上的棱边投影到新草图中，作为相关设计的参考图线；单击"标准视图"工具栏中的"正视于"按钮⬆，使视图方向正视于草绘平面。

（7）单击"草图"工具栏中的"边角矩形"按钮⬜，绘制相关的草图，如图 5-75 所示。单击"草图"工具栏中的"智能尺寸"按钮◇，标注尺寸，结果如图 5-76 所示。

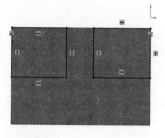

图 5-74　右击平面及其快捷菜单　　　　图 5-75　绘制边角矩形

（8）单击"草图"工具栏中的"绘制圆角"按钮，添加圆角半径为"10"，最终的草图轮廓如图 5-77 所示。

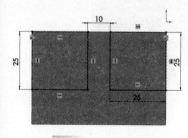

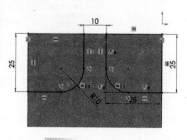

图 5-76　添加尺寸　　　　　　　　图 5-77　绘制圆角

（9）单击"特征"工具栏中的"拉伸切除"按钮，在弹出的"切除-拉伸"属性管理器中设置切除拉伸参数，如图 5-78 所示，单击"确定"按钮，完成切除拉伸特征 1 的创建。效果如图 5-79 所示。

174 ○ SolidWorks 2012 中文版工程设计速学通

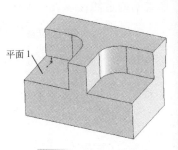

图 5-78 设置切除拉伸参数   图 5-79 旋转观察模型

（10）以如图 5-79 中所示的平面 1 作为新的草绘平面，开始绘制草图，如图 5-80 所示。

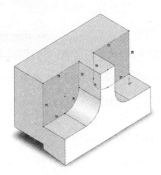

图 5-80 选择草绘平面

（11）转换实体引用草图 1。单击"草图"工具栏中的"转换实体引用"按钮![icon]，将草绘平面上的棱边投影到新草图中，作为相关设计的参考图线。

（12）转换实体引用草图 2。选择与步骤（10）中选择的面对称的平面，单击"草图"工具栏中的"转换实体引用"按钮![icon]，将平面上的棱边投影到草图上，作为参考图线。

（13）单击"标准"工具栏中的"选择"按钮![icon]，将所有参考图线选中，在弹出的"属性"属性管理器中勾选"作为构造线"

入门

草图绘制

参考几何体

草绘特征建模

放置特征建模

曲线与曲面

装配体设计

工程图绘制

传动体设计

第 5 章 ● 放置特征建模 ○ **175**

入门

草图
绘制

参考几
何体

草绘特
征建模

放置特
征建模

曲线与
曲面

装配体
设计

工程图
绘制

传动体
设计

复选框，如图 5-81 所示；单击"确定"按钮 ✓，使其成为虚线形式的构造线。

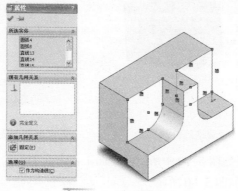

图 5-81　转换构造线

（14）在绘图区的空白处右击，在弹出的快捷菜单中单击"退出草图"命令，从而生成用来放置和定位沉头螺钉孔的草图，在"FeatureManager 设计树"中，默认情况下该草图被命名为"草图 3"。

（15）在"FeatureManager 设计树"中选择"草图 3"，将该草图平面作为螺钉孔放置面。单击"特征"工具栏中的"异型孔向导"按钮 ⬚，在弹出的"孔规格"属性管理器中设置沉头螺钉孔的参数，如图 5-82 所示。

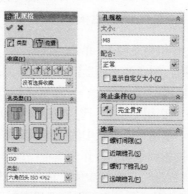

图 5-82　设置沉头螺钉孔参数

（16）单击"位置"选项卡，选择两段圆弧构造线的中心点作为要生成孔的中心位置，如图 5-83 所示。单击"确定"按钮 ✔ ，完成沉头螺钉孔特征的创建，结果如图 5-84 所示。

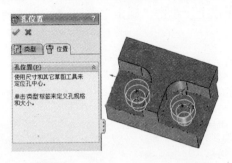

图 5-83　定位沉头螺钉孔位置

（17）销孔的创建方法与沉头螺钉孔相似，不同之处在于要单独创建销孔中心点，并用尺寸约束定位；选择螺钉孔创建平面作为草图绘制平面，单击"草图"工具栏中的"草图绘制"按钮 ，新建一张草图。

（18）单击"草图"工具栏中的"点"按钮 ＊ ，在草图平面上绘制两个定位点。

（19）单击"草图"工具栏中的"智能尺寸"按钮 ，用尺寸约束两个点的位置，如图 5-85 所示；在绘图区的空白处双击，退出草图绘制。

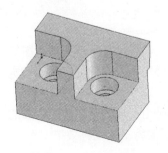

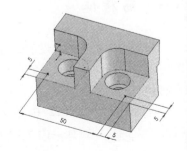

图 5-84　创建沉头螺钉孔　　　图 5-85　约束定位点

第 5 章 ● 放置特征建模 ○ **177**

入门

草图
绘制

参考几
何体

草绘特
征建模

放置特
征建模

曲线与
曲面

装配体
设计

工程图
绘制

传动体
设计

（20）单击"特征"工具栏中的"异型孔向导"按钮 ⓐ，在"孔规格"属性管理器中设置销孔参数，如图5-86所示。

（21）单击"位置"选项卡，将孔的中心位置定位到草图中所绘制的两个点上，单击"确定"按钮 ✅，生成两个销孔，如图5-87所示。

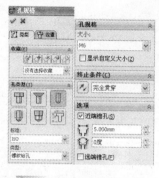

图 5-86 设置销孔参数

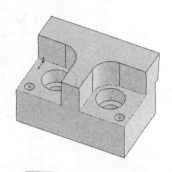

图 5-87 生成销孔特征

😺 技巧荟萃

常用的异型孔有柱形沉头孔、锥形沉头孔、孔、螺纹孔和管螺纹孔等。"异型孔向导"命令集成了机械设计中所有孔的类型，使用该命令可以很方便地绘制各种类型的孔。

5.6 筋特征

筋是零件上增加强度的部分，它是一种从开环或闭环草图轮廓生成的特殊拉伸实体，它在草图轮廓与现有零件之间添加指定方向和厚度的材料。

在SolidWorks 2012中，筋实际上是由开环的草图轮廓生成的特殊类型的拉伸特征。图5-88展示了筋特征的几种效果。

图 5-88　筋特征效果

入门

草图
绘制

参考几
何体

草绘特
征建模

放置特
征建模

曲线与
曲面

装配体
设计

工程图
绘制

传动体
设计

5.6.1　创建筋特征

下面介绍筋特征创建的操作步骤。

（1）创建一个新的零件文件。

（2）在左侧的"FeatureManager 设计树"中选择"前视基准面"作为绘制图形的基准面。

（3）单击"草图"工具栏中的"边角矩形"按钮□和"智能尺寸"按钮◇，绘制两个矩形，并标注尺寸。

（4）单击"草图"工具栏中的"裁剪实体"按钮♯，裁剪后的草图如图 5-89 所示。

（5）选择菜单栏中的"插入"→"凸台/基体"→"拉伸"命令，系统弹出"拉伸"属性管理器。在"深度"文本框👉中输入"40"，然后单击"确定"按钮✔，创建的拉伸特征如图 5-90 所示。

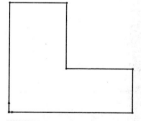

图 5-89　裁剪后的草图

图 5-90　创建拉伸特征

（6）在左侧的"FeatureManager 设计树"中选择"前视基准面"，然后单击"前导"工具栏中的"正视于"按钮↓，将该基

入门

草图
绘制

参考几
何体

草绘特
征建模

放置特
征建模

曲线与
曲面

装配体
设计

工程图
绘制

传动体
设计

准面作为绘制图形的基准面。

（7）选择菜单栏中的"工具"→"草图绘制实体"→"直线"命令，在前视基准面上绘制如图 5-91 所示的草图。

（8）选择菜单栏中的"插入"→"特征"→"筋"命令，或者单击"特征"工具栏中的"筋"按钮，此时系统弹出"筋"属性管理器。按照图 5-92 进行参数设置，然后单击"确定"按钮。

（9）选择"标准视图"工具栏中的"等轴测"按钮，将视图以等轴测方式显示，添加的筋如图 5-93 所示。

图 5-91 绘制草图

图 5-92 "筋"属性管理器

图 5-93 添加筋

5.6.2 实例——导流盖

本例创建的导流盖如图 5-94 所示。

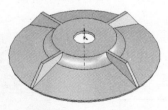
图 5-94 导流盖

创建步骤

1. 生成薄壁旋转特征

（1）新建文件。启动 SolidWorks 2012，选择菜单栏中的"文

入门

草图
绘制

参考几
何体

草绘特
征建模

放置特
征建模

曲线与
曲面

装配体
设计

工程图
绘制

传动体
设计

件"→"新建"命令，或单击"标准"工具栏中的"新建"按钮⬜️，在弹出的"新建 SolidWorks 文件"对话框中，单击"零件"按钮🖱，然后单击"确定"按钮，新建一个零件文件。

（2）新建草图。在"FeatureManager 设计树"中选择"前视基准面"作为草图绘制基准面，单击"草图"工具栏中的"草图绘制"按钮🖉，新建一张草图。

（3）绘制中心线。单击"草图"工具栏中的"中心线"按钮⋮，过原点绘制一条竖直中心线。

（4）绘制轮廓。单击"草图"工具栏中的"直线"按钮＼和"切线弧"按钮🔄，绘制旋转草图轮廓。

（5）标注尺寸。单击"尺寸/几何关系"工具栏中的"智能尺寸"按钮◈，为草图标注尺寸，如图 5-95 所示。

（6）旋转生成实体。单击"特征"工具栏中的"旋转凸台/基体"按钮🔄，在弹出的询问对话框中单击"否"按钮。

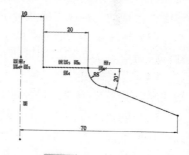

图 5-95　标注尺寸

（7）生成薄壁旋转特征。在"旋转"属性管理器中设置"旋转类型"为"单向"，并在"角度"文本框🔄中输入"360"，单击"薄壁特征"面板中的"反向"按钮🔄，使薄壁向内部拉伸，在"厚度"文本框◈中输入"2"，如图 5-96 所示。单击"确定"按钮✓，生成薄壁旋转特征。

2．创建筋特征

（1）新建草图。在"FeatureManager 设计树"中选择"右视基准面"作为草图绘制基准面，单击"草图"工具栏中的"草图绘制"按钮🖉，新建一张草图。单击"前导"工具栏中的"正视于"按钮🔼，正视于右视图。

第 5 章 ● 放置特征建模 ○ **181**

入门

草图
绘制

参考几
何体

草绘特
征建模

放置特
征建模

曲线与
曲面

装配体
设计

工程图
绘制

传动体
设计

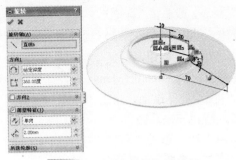

图 5-96 生成薄壁旋转特征

（2）绘制直线。单击"草图"工具栏中的"直线"按钮\，将光标移到台阶的边缘，当光标变为\形状时，表示指针正位于边缘上，移动光标以生成从台阶边缘到零件边缘的折线。

（3）标注尺寸。单击"尺寸/几何关系"工具栏中的"智能尺寸"按钮◇，为草图标注尺寸，如图 5-97 所示。

（4）设置视图方向。单击"标准视图"工具栏中的"等轴测"按钮◉，用等轴测视图观看图形。

（5）创建筋特征。单击"特征"工具栏中的"筋"按钮，或选择菜单栏中的"插入"→"特征"→"筋"命令，弹出"筋"属性管理器；单击"两侧"按钮三，设置厚度生成方式为两边均等添加材料，在"筋厚度"文本框中输入"3"，单击"平行于草图"按钮，设定筋的拉伸方向为平行于草图，如图 5-98 所示，单击"确定"按钮√，生成筋特征。

图 5-97 标注尺寸

图 5-98 创建筋特征

（6）重复步骤（4）、（5）的操作，创建其余 3 个筋特征。同时也可利用"圆周阵列"命令阵列筋特征。最终结果如图 5-94 所示。

5.7　阵列特征

特征阵列用于将任意特征作为原始样本特征，通过指定阵列尺寸产生多个类似的子样本特征。特征阵列完成后，原始样本特征和子样本特征成为一个整体，用户可将它们作为一个特征进行相关的操作，如删除、修改等。如果修改了原始样本特征，则阵列中的所有子样本特征也随之更改。

SolidWorks 2012 提供了线性阵列、圆周阵列、草图阵列、曲线驱动阵列、表格驱动阵列和填充阵列 6 种阵列方式。下面详细介绍前两种常用的阵列方式。

5.7.1　线性阵列

线性阵列是指沿一条或两条直线路径生成多个子样本特征。如图 5-99 所示列举了线性阵列的零件模型。

图 5-99　线性阵列模型

◆　执行方式：

"特征"→"线性阵列"按钮。

执行上述命令后，打开"线性阵列"属性管理器。

◆　选项说明：

入门

草图
绘制

参考几
何体

草绘特
征建模

放置
特征建模

曲线与
曲面

装配体
设计

工程图
绘制

传动体
设计

（1）在"方向 1"选项组中单击第一个列表框，然后在图形区中选取模型的一条边线或尺寸线指出阵列的第一个方向。所选边线或尺寸线的名称出现在该列表框中。

（2）如果图形区中表示阵列方向的箭头不正确，则单击"反向"按钮，可以反转阵列方向。

（3）在"方向 1"选项组的"间距"文本框中指定阵列特征之间的距离。

（4）在"方向 1"选项组的"实例数"文本框中指定该方向下阵列的特征数（包括原始样本特征）。此时在图形区中可以预览阵列效果，如图 5-100 所示。

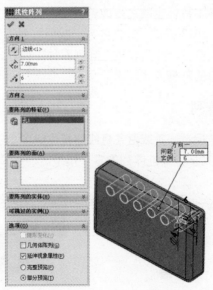

图 5-100　设置线性阵列

（5）如果要在另一个方向上同时生成线性阵列，则仿照步骤（1）～（4）的操作，对"方向 2"选项组进行设置。

（6）在"方向 2"选项组中有一个"只阵列源"复选框。如果勾选该复选框，则在第 2 方向中只复制原始样本特征，而不复制"方向 1"中生成的其他子样本特征，如图 5-101 所示。

184 ○ SolidWorks 2012 中文版工程设计速学通

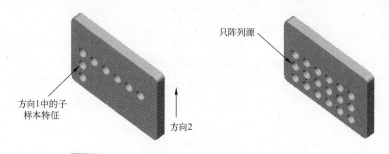

图 5-101 只阵列源与阵列所有特征的效果对比

（7）在阵列中如果要跳过某个阵列子样本特征，则在"可跳过的实例"选项组中单击按钮❖右侧的列表框，并在图形区中选择想要跳过的某个阵列特征，这些特征将显示在该列表框中。如图 5-102 所示显示了可跳过的实例效果。

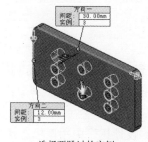
选择要跳过的实例

应用要跳过的实例

图 5-102 阵列时应用可跳过实例

（8）线性阵列属性设置完毕，单击"确定"按钮✔，生成线性阵列。

 技巧荟萃

当使用特型特征来生成线性阵列时，所有阵列的特征都必须在相同的面上。

如果要选择多个原始样本特征，在选择特征时，需按住〈Ctrl〉键。

入门

草图
绘制

参考几
何体

草绘特
征建模

放置特
征建模

曲线与
曲面

装配体
设计

工程图
绘制

传动体
设计

5.7.2 实例——芯片

本实例首先绘制芯片的主体轮廓草图并拉伸实体，然后绘制芯片的管脚。以轮廓的表面为基准面，在其上绘制文字草图并拉伸，并绘制端口标志。绘制的芯片模型如图 5-103 所示。

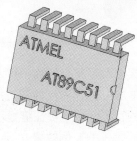

图 5-103　芯片

绘制步骤

（1）单击"标准"工具栏中的"新建"按钮，在弹出的"新建 SolidWorks 文件"对话框中先单击"零件"按钮，再单击"确定"按钮，创建一个新的零件文件。

（2）在左侧的"FeatureManager 设计树"中用鼠标选择"前视基准面"作为绘制图形的基准面。单击"草图"工具栏中的"边角矩形"按钮，绘制一个矩形，标注矩形各边的尺寸。结果如图 5-104 所示。

100

60

图 5-104　绘制的草图

入门

草图
绘制

参考几
何体

草绘特
征建模

放置特
征建模

曲线与
曲面

装配体
设计

工程图
绘制

传动体
设计

（3）单击"特征"工具栏中的"拉伸凸台/基体"按钮图，此时系统弹出如图5-105所示的"凸台-拉伸"属性管理器。在"深度"一栏中输入值"20"。按照图示进行设置后，单击"确定"按钮✓，结果如图5-106所示。

图5-105 "凸台-拉伸"属性管理器　　图5-106 拉伸后的图形

（4）单击图5-106中的表面1，单击"草图"工具栏中的"草图绘制"按钮图，进入草图绘制状态。然后单击"标准视图"工具栏中的"正视于"按钮图，将该表面作为绘图的基准面。单击"草图"工具栏中的"边角矩形"按钮□和"智能尺寸"按钮◇，绘制草图并标注尺寸，结果如图5-107所示。

图5-107 绘制的草图

（5）单击"特征"工具栏中的"拉伸凸台/基体"按钮图，此时系统弹出"凸台-拉伸"属性管理器。在"深度"一栏中输入值"10"，然后单击属性管理器中的"确定"按钮✓。结果如图5-108所示。

（6）单击图5-108中的表面1，然后单击"标准视图"工具栏中的"正视于"按钮图，将该表面作为绘图的基准面。单击"草

入门

草图
绘制

参考几
何体

草绘特
征建模

放置特
征建模

曲线与
曲面

装配体
设计

工程图
绘制

传动体
设计

图"工具栏中的"草图绘制"按钮，进入草图绘制环境。单击"草图"工具栏中的"边角矩形"按钮□，绘制一个矩形，矩形的一个边在基准面的上边线上，如图5-109所示。

图 5-108　拉伸后的图形　　　　　　　图 5-109　草图

（7）单击"特征"工具栏中的"拉伸凸台/基体"按钮，此时系统弹出"凸台-拉伸"属性管理器。在"深度"一栏中输入值"30"，单击"确定"按钮。结果如图5-110所示。

（8）单击"特征"工具栏中的"线性阵列"按钮，此时系统弹出如图5-111所示"线性阵列"属性管理器。在"边线"一栏中，用鼠标选取图5-110中边线1；在"间距"一栏中输入值"12"；在"实例数"一栏中输入值"8"；在"要阵列的特征"一栏选取图5-110中绘制芯片的管脚。单击"确定"按钮，结果如图5-112所示。

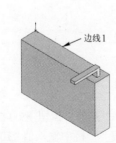

图 5-110　拉伸后的图形　　图 5-111　"线性阵列"属性管理器

（9）绘制另一侧管脚线。重复步骤（2）～（8），结果如图5-113所示。

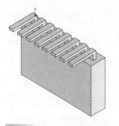

图 5-112　阵列图形

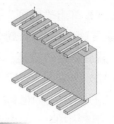

图 5-113　绘制管脚线

（10）选择图 5-113 所示的后表面，单击"标准视图"工具栏中的"正视于"按钮 ，将该表面作为绘图的基准面。单击"草图"工具栏中的"草图绘制"按钮 ，进入草图绘制环境。单击"草图"工具栏中的"文字"按钮 ，此时系统弹出如图 5-114 所示的"草图文字"属性管理器。在"文字"一栏输入"ATMEL"。单击属性管理器下面的"字体"按钮，此时系统弹出如图 5-115 所示的"选择字体"对话框，设置文字的大小及属性，单击"草图文字"属性管理器中的"确定"按钮 。重复此命令，添加草图文字"AT89C51"，用鼠标调整文字在基准面上的位置。结果如图 5-116 所示。

图 5-114　"草图文字"
属性管理器

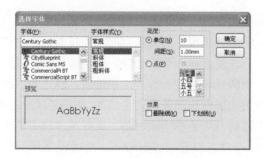

图 5-115　"选择字体"对话框

入门

草图
绘制

参考几
何体

草绘特
征建模

放置特
征建模

曲线与
曲面

装配体
设计

工程图
绘制

传动体
设计

入门

草图
绘制

参考几
何体

草绘特
征建模

放置特
征建模

曲线与
曲面

装配体
设计

工程图
绘制

传动体
设计

（11）单击"特征"工具栏中的"拉伸凸台/基体"按钮，此时系统弹出"凸台-拉伸"属性管理器。在"深度"一栏中输入"2"，然后单击"确定"按钮。结果如图 5-117 所示。

（12）选取图 5-117 所示的表面 1，然后单击"前导"工具栏中的"正视于"按钮，将该表面作为绘图的基准面。单击"草图"工具栏中的"草图绘制"按钮，进入草图绘制环境。单击"草图"工具栏中的"圆"按钮，绘制一个圆心在基准面右边线上的圆并标注尺寸，如图 5-118 所示。

（13）单击"特征"工具栏中的"拉伸切除"按钮，此时系统弹出"切除-拉伸"属性管理器。在"深度"一栏中输入"3"，并调整拉伸切除的方向，然后单击"确定"按钮，结果如图 5-103 所示。

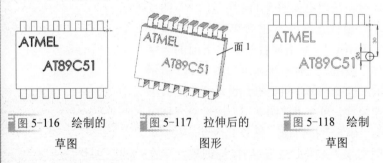

图 5-116　绘制的　　　　图 5-117　拉伸后的　　　　图 5-118　绘制
　　草图　　　　　　　　　　图形　　　　　　　　　　草图

5.7.3　圆周阵列

圆周阵列是指绕一个轴心以圆周路径生成多个子样本特征。如图 5-119 所示为采用了圆周阵列的零件模型。在创建圆周阵列特征之前，首先要选择一个中心轴，这个轴可以是基准轴或者临时轴。每一个圆柱和圆锥面都有一条轴线，称之为临时轴。临时轴是由模型中的圆柱和圆锥隐含生成的，在图形区中一般不可见。在生成圆周阵列时需要使用临时轴，选择菜单栏中的"视图"→"临时轴"命令就可以显示临时轴了。此时该菜单旁边出现标记"√"，表示临时轴可见。此外，还可以生成基准轴作为中心轴。

◆ 执行方式：

"特征"→"圆周阵列"按钮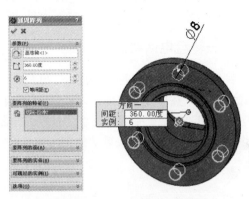。

执行上述命令后，打开"圆周阵列"属性管理器，如图 5-119 所示。

图 5-119　预览圆周阵列效果

◆ 选项说明：

（1）在"要阵列的特征"选项组中高亮显示所选择的特征。如果要选择多个原始样本特征，需按住〈Ctrl〉键进行选择。此时，在图形区生成一个中心轴，作为圆周阵列的圆心位置。

在"参数"选项组中，单击第一个列表框，然后在图形区中选择中心轴，则所选中心轴的名称显示在该列表框中。

（2）如果图形区中阵列的方向不正确，则单击"反向"按钮，可以翻转阵列方向。

（3）在"参数"选项组的"角度"文本框中指定阵列特征之间的角度。

（4）在"参数"选项组的"实例数"文本框中指定阵列的特征数（包括原始样本特征）。此时在图形区中可以预览阵列效果。

（5）勾选"等间距"复选框，则总角度将默认为 360°，所有的阵列特征会等角度均匀分布。

（6）勾选"几何体阵列"复选框，则只复制原始样本特征而

入门

草图
绘制

参考几
何体

草绘特
征建模

放置特
征建模

曲线与
曲面

装配体
设计

工程图
绘制

传动体
设计

入门

草图
绘制

参考几
何体

草绘特
征建模

放置特
征建模

曲线与
曲面

装配体
设计

工程图
绘制

传动体
设计

不对它进行求解，这样可以加速生成及重建模型的速度。但是如果某些特征的面与零件的其余部分合并在一起，则不能为这些特征生成几何体阵列。

（7）圆周阵列属性设置完毕，单击"确定"按钮✔，生成圆周阵列。

5.7.4 实例——转盘电话机底座

本实例绘制的转盘电话机底座，如图 5-120 所示。首先绘制转盘电话机底座草图，然后拉伸实体，即转盘电话机底座；再拉伸绘制转盘电话机拨号盘，然后以拨号盘为基准面绘制拨号键按键；最后利用圆周阵列命令阵列按键实体。

绘制步骤

（1）单击"标准"工具栏中的"新建"按钮🗋，在弹出的"新建 SolidWorks 文件"对话框中先单击"零件"按钮🗒，再单击"确定"按钮，创建一个新的零件文件。

（2）在左侧的"FeatureManager 设计树"中用鼠标选择"前视基准面"，单击"草图"工具栏中的"草图绘制"按钮🖳，进入草图绘制环境。

（3）单击"草图"工具栏中的"中心矩形"按钮▣，绘制一个矩形。

（4）单击"草图"工具栏中的"智能尺寸"按钮◈，标注图中矩形各边的尺寸，结果如图 5-121 所示。

图 5-120　转盘电话机底座

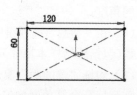

图 5-121　标注草图

（5）单击"特征"工具栏中的"拉伸凸台/基体"按钮📇，此时系统弹出"凸台-拉伸"属性管理器，如图5-122所示，在"深度"一栏中输入值"3"，然后单击"确定"按钮✔，拉伸结果如图5-123所示。

 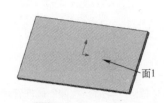

图5-122 "凸台-拉伸"属性管理器　　　图5-123 拉伸实体1

（6）选择图5-123所示的表面1，单击"草图"工具栏中的"草图绘制"按钮✍，然后单击"前导"工具栏中的"正视于"按钮⚓，将该表面作为绘图的基准面。

（7）单击"草图"工具栏中的"中心矩形"按钮▫，绘制一个矩形。

（8）单击"草图"工具栏中的"智能尺寸"按钮◈，标注上一步绘制的矩形。结果如图5-124所示。

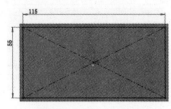

图5-124 标注矩形

（9）单击"特征"工具栏中的"拉伸凸台/基体"按钮📇，此时系统弹出"凸台-拉伸"属性管理器。如图5-125所示，在"深度"一栏中输入"10"，然后单击对话框中的"确定"按钮✔，

第5章 ● 放置特征建模 ○ **193**

入门

草图
绘制

参考几
何体

草绘特
征建模

放置特
征建模

曲线与
曲面

装配体
设计

工程图
绘制

传动体
设计

绘制结果如图 5-126 所示。

面1

图 5-125　"凸台-拉伸"属性管理器　　　图 5-126　拉伸实体 2

（10）选择图 5-126 所示的表面 1，单击"草图"工具栏中的"草图绘制"按钮，然后单击"标准视图"工具栏中的"正视于"按钮，将该表面作为绘图的基准面。

（11）单击"草图"工具栏中的"中心矩形"按钮，绘制一个矩形。

（12）单击"草图"工具栏中的"智能尺寸"按钮，标注上一步绘制的矩形。结果如图 5-127 所示。

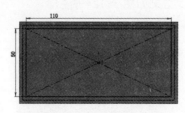

110

50

图 5-127　标注草图

（13）单击"特征"工具栏中的"拉伸凸台/基体"按钮，此时系统弹出"凸台-拉伸"属性管理器。如图 5-128 所示，在"深度"一栏中输入"25"，然后单击"确定"按钮，绘制结果如

入门

草图
绘制

参考几
何体

草绘特
征建模

放置特
征建模

曲线与
曲面

装配体
设计

工程图
绘制

传动体
设计

图 5-129 所示。

图 5-128 "凸台-拉伸"属性管理器   图 5-129 拉伸实体 3

（14）单击"参考几何体"工具栏中的"基准面"按钮，选择图 5-130 所示的面 1、边线 1 为参考，设置参考基准面 1。

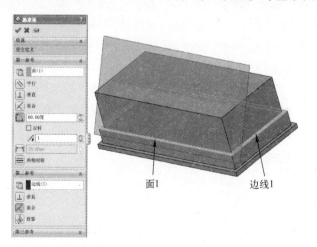

面1   边线1

图 5-130 "基准面"属性管理器

（15）选择上步绘制的基准面 1，单击"草图"工具栏中的"草图绘制"按钮，然后单击"前导"工具栏中的"正视于"按钮，将该表面作为绘图的基准面。

（16）单击"草图"工具栏中的"圆"按钮⊘，绘制一个圆。

（17）单击"草图"工具栏中的"智能尺寸"按钮◈，标注上一步绘制的圆。结果如图5-131所示。

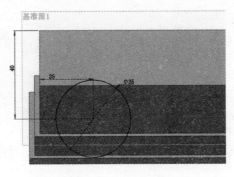

图5-131 标注草图

（18）单击"特征"工具栏中的"拉伸凸台/基体"按钮，此时系统弹出"凸台-拉伸"属性管理器。如图5-132所示，在"深度"一栏中输入"10"，然后单击对话框中的"确定"按钮，绘制结果如图5-133所示。

（19）选择图5-133所示的表面1，单击"草图"工具栏中的"草图绘制"按钮，然后单击"前导"工具栏中的"正视于"按钮，将该表面作为绘图的基准面。

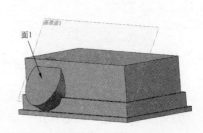

图5-132 "凸台-拉伸"属性管理器   图5-133 拉伸实体4

（20）单击"草图"工具栏中的"圆"按钮⊙，绘制一个圆。

（21）单击"草图"工具栏中的"智能尺寸"按钮◇，标注上一步绘制的圆。结果如图 5-134 所示。

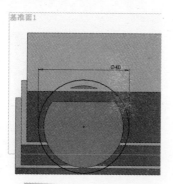

图 5-134　标注草图 5

（22）单击"特征"工具栏中的"拉伸凸台/基体"按钮▣，此时系统弹出"凸台-拉伸"属性管理器。如图 5-135 所示，在"深度"一栏中输入"3"，然后单击"确定"按钮✓，绘制结果如图 5-136 所示。

（23）选择图 5-136 所示的表面 1，单击"草图"工具栏中的"草图绘制"按钮▷，然后单击"前导"工具栏中的"正视于"按钮↓，将该表面作为绘图的基准面。

图 5-135　"凸台-拉伸"属性管理器

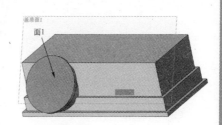

图 5-136　拉伸实体 5

入门

草图绘制

参考几何体

草绘特征建模

放置特征建模

曲线与曲面

装配体设计

工程图绘制

传动体设计

第 5 章 ● 放置特征建模 ○ **197**

入门

草图
绘制

参考几
何体

草绘特
征建模

放置特
征建模

曲线与
曲面

装配体
设计

工程图
绘制

传动体
设计

（24）单击"草图"工具栏中的"圆"按钮⊘，绘制一个圆。

（25）单击"草图"工具栏中的"智能尺寸"按钮❖，标注上一步绘制的圆。结果如图 5-137 所示。

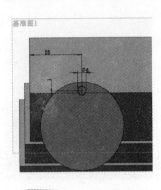

图 5-137　标注草图

（26）单击"特征"工具栏中的"拉伸切除"按钮▣，此时系统弹出"切除-拉伸"属性管理器。如图 5-138 所示，在"深度"一栏中输入"3"，然后单击"确定"按钮✔，绘制结果如图 5-139 所示。

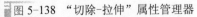
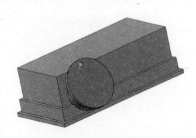

图 5-138　"切除-拉伸"属性管理器　　　图 5-139　切除实体 1

（27）在菜单栏选择"视图"→"临时轴"命令，显示模型中的临时轴。

（28）单击"特征"工具栏中的"圆周阵列"按钮 🎇，单击"参数"选项组下在"反向"按钮 🔘 后选择上步显示的临时轴为阵列轴，其余参数设置如图 5-140 所示。然后单击对话框中的"确定"按钮 ✅，阵列结果如图 5-141 所示。

入门

草图
绘制

参考几
何体

草绘特
征建模

放置特
征建模

曲线与
曲面

装配体
设计

工程图
绘制

传动体
设计

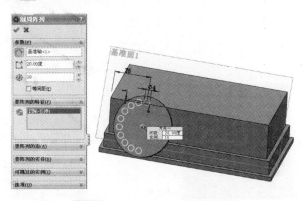

图 5-140　"圆周阵列"对话框

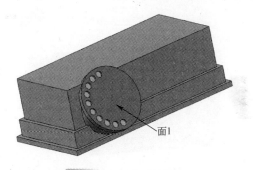

面1

图 5-141　阵列结果

（29）选择图 5-141 所示的表面 1，单击"草图"工具栏中的"草图绘制"按钮 🖊，然后单击"前导"工具栏中的"正视于"按钮 🔱，将该表面作为绘图的基准面。

（30）单击"草图"工具栏中的"圆"按钮 ⊙，绘制一个圆。

（31）单击"草图"工具栏中的"智能尺寸"按钮 ♦，标注

入门

草图
绘制

参考几
何体

草绘特
征建模

放置特
征建模

曲线与
曲面

装配体
设计

工程图
绘制

传动体
设计

上一步绘制的圆。结果如图 5-142 所示。

（32）单击"特征"工具栏中的"拉伸凸台/基体"按钮，此时系统弹出"凸台-拉伸"属性管理器。如图 5-143 所示，在"深度"一栏中输入"2"，然后单击"确定"按钮，拉伸结果如图 5-144 所示。

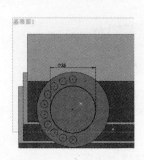

图 5-142　标注草图　　图 5-143　"凸台-拉伸"属性管理器

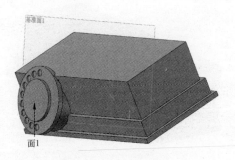

图 5-144　拉伸实体

（33）选择图 5-144 所示的表面 1，单击"草图"工具栏中的"草图绘制"按钮，然后单击"前导"工具栏中的"正视于"按钮，将该表面作为绘图的基准面。

（34）单击"草图"工具栏中的"圆"按钮，绘制一个圆。

（35）单击"草图"工具栏中的"智能尺寸"按钮，标注上一步绘制的圆。结果如图 5-145 所示。

入门

草图
绘制

参考几
何体

草绘特
征建模

放置特
征建模

曲线与
曲面

装配体
设计

工程图
绘制

传动体
设计

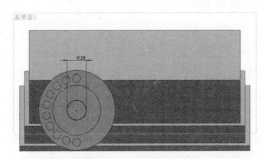

图 5-145 标注草图

（36）单击"特征"工具栏中的"拉伸切除"按钮，此时系统弹出"切除-拉伸"属性管理器。如图 5-146 所示，在"深度"一栏中输入"1"，然后单击"确定"按钮，绘制结果如图 5-120 所示。

图 5-146 "切除-拉伸"
属性管理器

5.8 镜像特征

如果零件结构是对称的，用户可以只创建零件模型的 1/2，然后使用镜像特征的方法生成整个零件。如果修改了原始特征，则镜像的特征也随之更改。如图 5-147 所示为运用镜像特征生成的零件模型。

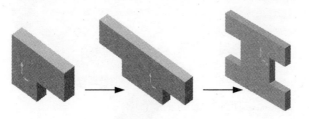

图 5-147 镜像特征生成零件

第 5 章 ● 放置特征建模 ○ 201

5.8.1 创建镜像特征

◆ 执行方式：

"特征"→"镜像"按钮 ❖。

执行上述命令后，打开"镜像"属性管理器，如图 5-148 所示。

◆ 选项说明：

（1）在"镜像面/基准面"选项组中，单击选择如图 5-149 所示的前视基准面；在"要镜像的特征"选项组中，选择拉伸特征 1 和拉伸特征 2，"镜像"属性管理器设置如图 5-150 所示。单击"确定"按钮 ✅，创建的镜像特征如图 5-151 所示。

图 5-148 "镜像"属性管理器

图 5-149 镜像特征

图 5-150 "镜像"属性管理器

图 5-151 镜像实体

（2）镜像特征是指以某一平面或者基准面作为参考面，对称复制一个或者多个特征或模型实体。

5.8.2 实例——哑铃

本实例绘制哑铃，如图 5-152 所示。

创建步骤

（1）创建一个新的零件文件。在左侧的"FeatureManager 设计树"中，选择"前视基准面"作为绘制图形的基准面。利用前面学习的知识绘制草图，结果如图 5-153 所示。

图 5-152　哑铃　　　　　图 5-153　标注草图

（2）单击"特征"工具栏中的"旋转凸台/基体"按钮 🎯，此时弹出系统提示框。因为哑铃的端部是非薄壁实体，单击"是"按钮，此时系统弹出如图 5-154 所示的"旋转"属性管理器。按照图示进行设置，单击"确定"按钮 ✔，结果如图 5-155 所示。

图 5-154　"旋转"属性管理器　　　图 5-155　旋转图形

入门

草图
绘制

参考几
何体

草绘特
征建模

放置特
征建模

曲线与
曲面

装配体
设计

工程图
绘制

传动体
设计

入门

草图
绘制

参考几
何体

草绘特
征建模

放置特
征建模

曲线与
曲面

装配体
设计

工程图
绘制

传动体
设计

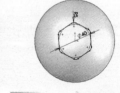 注意

　　在使用旋转命令时，可以根据实际情况决定是否将草图闭合，但在绘制时一般不把草图闭合，而是根据出现的系统提示进行设置。

　　（3）在左侧的"FeatureManager 设计树"中用鼠标选择"上视基准面"，然后单击"标准视图"工具栏中的"正视于"按钮，将该基准面作为绘制图形的基准面，利用前面学习的知识绘制草图，结果如图 5-156 所示。

　　（4）单击"特征"工具栏中的"拉伸凸台/基体"按钮，此时系统弹出如图 5-157 所示的"凸台-拉伸"属性管理器。在"深度"一栏中输入"200"。按照图示进行设置后，单击属性管理器中的"确定"按钮。

图 5-156　绘制的草图　　　　图 5-157　"凸台-拉伸"属性管理器

　　（5）单击"标准视图"工具栏中的"等轴测"按钮，将视图以等轴测方式显示，结果如图 5-158 所示。

　　（6）在左侧的"FeatureManager 设计树"中用鼠标选择"上视基准面"添加新的基准面。单击"参考几何体"工具栏中"基准面"图标，此时系统弹出如图 5-159 所示的"基准面"属性

管理器。按照图示进行设置后，单击"确定"按钮 ，结果如
图 5-160 所示。

入门

草图
绘制

参考几
何体

草绘特
征建模

放置特
征建模

曲线与
曲面

装配体
设计

工程图
绘制

传动体
设计

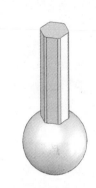

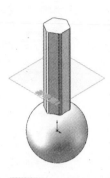

图 5-158 拉伸后的
图形

图 5-159 "基准面"
属性管理器

图 5-160 基准面

注意

基准面在 SolidWorks 中是很常用的命令，基准面可以通过较
多的方式生成，它对于绘制不规则的图形有很好的帮助作用。

(7)镜像实体。单击"特征"工具栏中的"镜像"按钮 ，
此时系统弹出如图 5-161 所示的"镜像"属性管理器。在"镜像
面/基准面"一栏中，鼠标选择图 5-160 中基准面；在"要镜像的
特征"一栏中，用鼠标选择已绘制的哑铃端部。单击属性管理器
中的"确定"按钮 ，结果如图 5-162 所示。

(8)设置显示属性。单击"视图"菜单，此时系统弹出如图 5-163
所示的下拉菜单，如果选中其中一项，则视图中会显示对应的图形。
用鼠标单击一下"基准面"选项，视图中的基准面不再显示。

(9)圆角实体。单击"特征"工具栏中的"圆角"按钮 ，
此时系统弹出"圆角"属性管理器，如图 5-164 所示。在"半径"

一栏中输入值"10",然后用鼠标选择图 5-162 中标注的两个边线。单击属性管理器中的"确定"按钮 ✓。圆角参数如图 5-164 所示。圆角后结果如图 5-165 所示。

草图
绘制

参考几
何体

草绘特
征建模

放置特
征建模

曲线与
曲面

装配体
设计

工程图
绘制

传动体
设计

图 5-161　"镜像"属性管理器

图 5-162　镜像图形

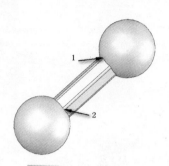

图 5-163　视图下拉菜单

图 5-164　设置圆角参数

（10）设置视图方向。单击"标准视图"工具栏中的"等轴测"按钮，将视图以等轴测方式显示，结果如图 5-152 所示。

图 5-165　圆角后的图形

5.9　包覆特征

该特征将草图包裹到平面或非平面。可从圆柱、圆锥或拉伸的模型生成一平面，也可选择一平面轮廓来添加多个闭合的样条曲线草图。包覆特征支持轮廓选择和草图再用。可以将包覆特征投影至多个面上。图 5-166 显示了不同参数设置下包覆实例效果。

浮雕　　　　　　　　蚀雕　　　　　　　　刻划

图 5-166　包覆特征效果

5.9.1　创建包覆特征

◆　执行方式：

"特征"工具栏 → "包覆"按钮或"插入"菜单栏 → "特征" → "包覆"命令。

入门

草图
绘制

参考几
何体

草绘特
征建模

放置特
征建模

曲线与
曲面

装配体
设计

工程图
绘制

传动体
设计

执行上述命令后，打开"包覆"属性管理器，如图 5-167 所示。

◆ 选项说明：

1．"包覆参数"选项组

（1）"浮雕"：在面上生成一突起特征。

（2）"蚀雕"：在面上生成一缩进特征。

（3）"刻划"： 在面上生成一草图轮廓的压印。

（4）"包覆草图的面"：选择一个非平面的面。

图 5-167 "包覆"
属性管理器

（5）"厚度" ：输入厚度值。勾选"反向"复选框，更改方向。

2．"拔模方向"选项组

选取一直线、线性边线或基准面来设定拔模方向。对于直线或线性边线，拔模方向是选定实体的方向。对于基准面，拔模方向与基准面正交。

3．"源草图"选项组

在视图中选择要创建包覆的草图。

5.9.2 实例——分划圈

本例首先绘制分划圈的外形轮廓草图，然后旋转成为主体，再绘制刻度草图，最后利用包覆命令创建刻度。绘制的流程图如图 5-168 所示。

图 5-168 分划圈

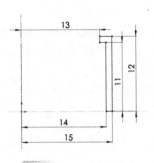

入门

草图
绘制

参考几
何体

草绘特
征建模

放置特
征建模

曲线与
曲面

装配体
设计

工程图
绘制

传动体
设计

操作步骤

（1）创建一个新的零件文件。在左侧的"FeatureManager 设计树"中用鼠标选择"前视基准面"作为绘制图形的基准面。利用前面所学知识绘制草图，结果如图 5-169 所示。

（2）单击"特征"工具栏中的"旋转凸台/基体"按钮，此时系统弹出如图 5-170 所示的"旋转"属性管理器。选择上步绘制的水平中心线为旋转轴，设置终止条件为"给定深度"，输入旋转角度为"360"，然后单击"确定"按钮，结果如图 5-171 所示。

图 5-169   绘制草图

图 5-170   "旋转"属性管理器

图 5-171   创建基体

（3）单击"参考几何体"工具栏中的"基准面"按钮，此时系统弹出如图 5-172 所示的"基准面"属性管理器。选择前视基准面为参考面，输入距离为"20"，然后单击"确定"按钮，结果如图 5-173 所示。

第 5 章 ● 放置特征建模 ○ **209**

入门

草图
绘制

参考几
何体

草绘特
征建模

放置特
征建模

曲线与
曲面

装配体
设计

工程图
绘制

传动体
设计

图 5-172 "基准面"属性管理器

图 5-173 创建基准面 1

（4）在左侧的"FeatureManager 设计树"中用鼠标选择"前视基准面"作为绘制图形的基准面。单击"草图"工具栏中的"矩形"按钮□，绘制草图轮廓，标注并修改尺寸，结果如图 5-174 所示。

（5）单击"草图"工具栏中的"线性阵列"按钮▦，弹出"线性阵列"属性管理器，如图 5-175 所示。选择上步绘制的矩形，输入距离为"0.94"，输入个数"60"，然后单击属性管理器中的"确定"按钮✔。

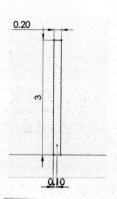

图 5-174 绘制矩形

图 5-175 "线性阵列"属性管理器

（6）单击"草图"工具栏中的"直线"按钮 \\，绘制两条水平直线，单击"草图"工具栏中的"剪裁"按钮 ⊁，修剪多余线段，结果如图 5-176 所示。

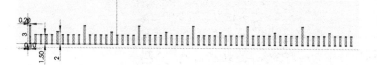

图 5-176　创建刻度

（7）单击"草图"工具栏中的"中心线"按钮 ┆，绘制水平中心线和竖直中心线。单击"草图"工具栏中的"镜像"按钮 ⚠，弹出"镜像"属性管理器，如图 5-177 所示。选择绘制的矩形和阵列后的矩形作为要镜像的实体，选择竖直中心线为镜像点，单击"确定"按钮 ✓，结果如图 5-178 所示。

图 5-177　"镜像"
属性管理器

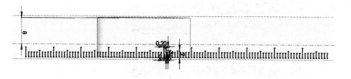

图 5-178　镜像草图

（8）单击"草图"工具栏中的"文字"按钮 🅰，弹出"草图文字"属性管理器，在管理器中输入数字，并单击"旋转"按钮 ⚙，更改旋转角度为"90"，取消选择"使用文档字体"复选框，弹出"选择字体"对话框，设置参数如图所示。单击"确定"按钮，然后单击"确定"按钮 ✓。同理标注所有的字，结果如图 5-179 所示。单击"退出草图"按钮 ⤺，退出草图。

入门

草图
绘制

参考几
何体

草绘特
征建模

放置特
征建模

曲线与
曲面

装配体
设计

工程图
绘制

传动体
设计

图 5-179　标注文字

（9）单击"特征"工具栏中的"包覆"按钮，弹出"包覆"属性管理器，如图 5-180 所示。选择"包覆类型"为"蚀雕"，选择拉伸体的外圆柱面为包覆草图的面，输入距离为"0.2"，单击"确定"按钮，结果如图 5-168 所示。

图 5-180　"包覆"属性管理器

5.10　圆顶特征

在同一模型上同时添加一个或多个圆顶到所选平面或非平面。示意图如图 5-181 所示。

图 5-181　圆顶示意图

5.10.1　创建圆顶特征

◆　执行方式：

"特征"工具栏→"圆顶"按钮或"插入"菜单栏→"特征"→"圆顶"命令。

执行上述命令后，打开"圆顶"属性管理器，如图 5-182 所示。

◆　选项说明：

（1）"到圆顶的面"▢：选择一个或多个平面或非平面。

（2）"距离"：设定圆顶扩展的距离的值。单击"反向"按钮，生成一个凹陷的圆顶。

图 5-182　"圆顶"属性管理器

（3）"约束点或草图"▦：通过选择一包含有点的草图来约束草图的形状以控制圆顶。

（4）"方向"▱：从图形区域选择一方向向量以垂直于面以外的方向拉伸圆顶。也可使用线性边线或由两个草图点所生成的向量作为方向向量。

5.10.2　实例——螺钉旋具

本实例绘制的螺钉旋具如图 5-183 所示。

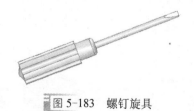

图 5-183　螺钉旋具

🪑 **绘制步骤**

（1）选择菜单栏中的"文件"→"新建"命令，创建一个新

入门

草图
绘制

参考几
何体

草绘特
征建模

放置特
征建模

曲线与
曲面

装配体
设计

工程图
绘制

传动体
设计

的零件文件。在左侧的"FeatureManager 设计树"中选择"前视基准面"作为绘图基准面。利用前面所学知识绘制草图，如图 5-184 所示。

（2）单击"特征"工具栏中的"拉伸凸台/基体"按钮，此时系统弹出"拉伸"属性管理器。在"深度"文本框中输入"50"，然后单击"确定"按钮。

（3）单击"标准视图"工具栏中的"等轴测"按钮，将视图以等轴测方向显示，创建的拉伸 1 特征如图 5-185 所示。

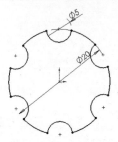

图 5-184 绘制草图　　　　图 5-185 创建拉伸 1 特征

（4）单击"特征"工具栏中的"圆顶"按钮，此时系统弹出"圆顶"属性管理器。在"参数"选项组中，单击选择如图 5-185 所示的表面 1。按照图 5-186 进行设置后，单击"确定"按钮，圆顶实体如图 5-187 所示。

图 5-186 "圆顶"属性管理器　　　　图 5-187 圆顶实体

（5）单击选择如图5-187所示后表面，然后单击"标准视图"工具栏中的"正视于"按钮，将该表面作为绘制图形的基准面。利用前面所学知识绘制草图。如图5-188所示。

（6）单击"特征"工具栏中的"拉伸凸台/基体"按钮，此时系统弹出"拉伸"属性管理器。在"深度"文本框中输入"16"，然后单击"确定"按钮。

（7）单击"标准视图"工具栏中的"等轴测"按钮，将视图以等轴测方向显示，创建的拉伸2特征如图5-189所示。

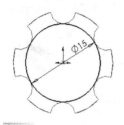

图 5-188 标注尺寸2　　　图 5-189 创建拉伸2特征

（8）单击选择如图5-189所示的后表面，然后单击"前导"工具栏中的"正视于"按钮，将该表面作为绘制图形的基准面。利用前面所学知识绘制草图。如图5-190所示。

（9）单击"特征"工具栏中的"拉伸凸台/基体"按钮，此时系统弹出"拉伸"属性管理器。在"深度"文本框中输入"75"，然后单击"确定"按钮。

（10）单击"标准视图"工具栏中的"等轴测"按钮，将视图以等轴测方向显示，创建的拉伸3特征如图5-191所示。

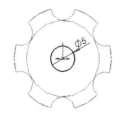

图 5-190 标注尺寸3　　　图 5-191 创建拉伸3特征

入门

草图
绘制

参考几
何体

草绘特
征建模

放置特
征建模

曲线与
曲面

装配体
设计

工程图
绘制

传动体
设计

（11）在左侧的"FeatureManager 设计树"中选择"右视基准面"，然后单击"标准视图"工具栏中的"正视于"按钮⬇️，将该基准面作为绘制图形的基准面。利用前面所学知识绘制草图，如图 5-192 所示。

（12）单击"特征"工具栏中的"拉伸切除"按钮🔳，此时系统弹出"拉伸"属性管理器。在"方向 1"选项组的"终止条件"下拉列表框中选择"两侧对称"选项，然后单击"确定"按钮✅。

（13）单击"标准视图"工具栏中的"等轴测"按钮🔷，将视图以等轴测方向显示，创建的拉伸 4 特征如图 5-193 所示。

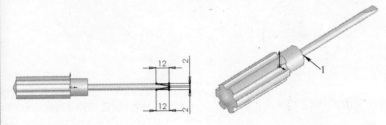

图 5-192　标注尺寸 4　　　　　图 5-193　创建拉伸 4 特征

（14）单击"特征"工具栏中的"圆角"按钮🔲，此时系统弹出"圆角"属性管理器。在"半径"文本框📏中输入"3"，然后单击选择如图 5-193 所示的边线 1，单击"确定"按钮✅。

（15）单击"标准视图"工具栏中的"等轴测"按钮🔷，将视图以等轴测方向显示，倒圆角后的图形如图 5-183 所示。

5.11　其他特征

SolidWorks 中还有其他一些特征，下面做简要介绍。

5.11.1　弯曲

弯曲特征以直观的方式对复杂的模型进行变形，其示意图如图 5-194 所示。

◆ 执行方式:

"插入"菜单栏→"特征"→"弯曲"命令。

执行上述命令后,打开"弯曲"属性管理器,如图5-195所示。

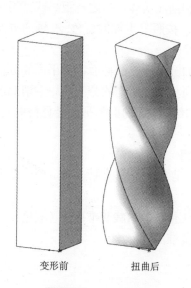

变形前　　　扭曲后

图 5-194　扭曲实体

图 5-195　"弯曲"属性管理器

◆ 选项说明:

1. "弯曲输入"选项组

(1)"弯曲的实体" :在视图中选择要弯曲的实体。

(2)"折弯":绕三重轴的红色 X 轴(折弯轴)折弯一个或多个实体。定位三重轴和剪裁基准面,控制折弯的角度、位置和界限。

(3)"扭曲":扭曲实体和曲面实体。定位三重轴和剪裁基准面,控制扭曲的角度、位置和界限。绕三重轴的蓝色 Z 轴扭曲。

👹 **技巧荟萃**

弯曲特征使用边界框计算零件的界限。剪裁基准面一开始便位于实体界限,垂直于三重轴的蓝色 Z 轴。

入门

草图
绘制

参考几
何体

草绘特
征建模

放置特
征建模

曲线与
曲面

装配体
设计

工程图
绘制

传动体
设计

入门

草图
绘制

参考几
何体

草绘特
征建模

放置特
征建模

曲线与
曲面

装配体
设计

工程图
绘制

传动体
设计

（4）"锥削"：锥削实体和曲面实体。定位三重轴和剪裁基准面，控制锥削的角度、位置和界限。按照三重轴的蓝色 Z 轴的方向进行锥削。

（5）"伸展"：伸展实体和曲面实体。指定一距离或使用鼠标左键拖动剪裁基准面的边线。按照三重轴的蓝色 Z 轴的方向进行伸展。

（6）"粗硬边线"：生成如圆锥面、圆柱面以及平面等分析曲面，这通常会形成剪裁基准面与实体相交的分割面。取消此选项的勾选，则结果将基于样条曲线，因此曲面和平面会显得更光滑，而原有面保持不变。

2．"剪裁基准面"选项组

（1）"参考实体" ⬡：将剪裁基准面的原点锁定到模型上的所选点。

（2）"裁剪距离" ⬠：沿三重轴的剪裁基准面轴（蓝色 Z 轴）从实体的外部界限移动剪裁基准面。

 技巧荟萃

弯曲特征仅影响剪裁基准面之间的区域。

3．"三重轴"选项组

（1）"选择坐标系特征" ⬡：将三重轴的位置和方向锁定到坐标系。

（2）"旋转原点" ⬡ₓ ⬡ᵧ ⬡ᎏ：沿指定轴移动三重轴（相对于三重轴的默认位置）。

（3）"旋转角度" ⬡ ⬡ ⬡：绕指定轴旋转三重轴（相对于三重轴自身）。

技巧荟萃

弯曲特征的中心在三重轴的中心附近。

5.11.2 自由形特征

自由形特征与圆顶特征类似，也是针对模型表面进行变形操作，但是具有更多的控制选项。自由形特征通过展开、约束或拉紧所选曲面在模型上生成一个变形曲面。变形曲面灵活可变，很像一层膜。可以使用"自由形"属性管理器中"控制"标签上的滑块将之展开、约束或拉紧。

◆ 执行方式：

"插入"菜单栏→"特征"→"自由形"命令。

打开随书光盘中的源文件"X：\源文件\5\5.9.4.SLDPRT"，打开的文件实体如图 5-196 所示。执行上述命令后，打开"自由形"属性管理器，如图 5-197 所示。

图 5-196　打开的文件实体　　图 5-197　"自由形"属性管理器

◆ 选项说明：

（1）在"面设置"一栏中，用选择图 5-196 中的表面 1，按照图 5-197 所示进行设置。

入门

草图
绘制

参考几
何体

草绘特
征建模

放置特
征建模

曲线与
曲面

装配体
设计

工程图
绘制

传动体
设计

（2）单击属性管理器中的"确定"按钮 ✅，结果如图 5-198
所示。

图 5-198　自由形的图形

5.11.3　比例缩放

比例缩放是指相对于零件或者曲面模型的重心或模型原点
来进行缩放。比例缩放仅缩放模型几何体，常在数据输出、型腔
等中使用。它不会缩放尺寸、草图或参考几何体。对于多实体零
件，可以缩放其中一个或多个模型的比例。

◆　执行方式：

"插入"菜单栏→"特征"→"缩放比例"命令或"特征"
工具栏→"缩放比例"按钮 🔲。

打开随书光盘中的源文件"X:\源文件\5\5.9.5.SLDPRT"，
打开的文件实体如图 5-199 所示。执行上述命令后，打开"缩放
比例"属性管理器，如图 5-200 所示。

图 5-199　打开的文件实体　　　　图 5-200　"缩放比例"属性管理器

◆　选项说明：

（1）取消"统一比例缩放"选项的勾选，并为 X 比例因子、

Y 比例因子及 Z 比例因子单独设定比例因子数值，如图 5-201 所示。

（2）单击"缩放比例"属性管理器中的"确定"按钮 ✓，结果如图 5-202 所示。

图 5-201　设置的比例因子　　　图 5-202　缩放比例的图形

比例缩放分为统一比例缩放和非等比例缩放，统一比例缩放即等比例缩放，该缩放比较简单，不再赘述。

草图
绘制

参考几
何体

草绘特
征建模

放置特
征建模

曲线与
曲面

装配体
设计

工程图
绘制

传动体
设计

入门

草图
绘制

参考几
何体

草绘特
征建模

放置特
征建模

曲线与
曲面

装配体
设计

工程图
绘制

传动体
设计

第6章

曲线与曲面

曲面是一种可用来生成实体特征的几何体，它用来描述相连的零厚度几何体，本章将介绍曲面创建和编辑的相关功能以及相应的实例。

6.1　创建曲线

曲线是构建复杂实体的基本要素，SolidWorks 提供专用的"曲线"工具栏。

在"曲线"工具栏中，SolidWorks 创建曲线的方式主要有分割线、投影曲线、组合曲线、通过 XYZ 点的曲线、通过参考点的曲线与螺旋线/涡状线等。本节主要介绍各种不同曲线的创建方式。

6.1.1　投影曲线

在 SolidWorks 中，投影曲线主要有两种创建方式。一种方式是将绘制的曲线投影到模型面上，生成一条 3D 曲线；另一种方式是在两个相交的基准面上分别绘制草图，此时系统会将每一个草图沿所在平面的垂直方向投影得到一个曲面，这两个曲面在空间中相交，生成一条三维曲线。下面将分别介绍采用两种方式创建曲线的操作步骤。

（1）利用绘制曲线投影到模型面上生成投影曲线。

1）新建一个文件，在左侧的"FeatureManager 设计树"中选择"前视基准面"作为草绘基准面。

2）单击"草图"工具栏中的"样条曲线"按钮 ∿，绘制样条曲线。

3）单击"曲面"工具栏中的"拉伸曲面"按钮 ，系统弹出"曲面-拉伸"属性管理器。在"深度"文本框 中输入"120"，单击"确定"按钮 ，生成拉伸曲面。

4）单击"参考几何体"操控板中的"基准面"按钮 ，系统弹出"基准面"属性管理器。选择"上视基准面"作为参考面，单击"确定"按钮 ，添加基准面1。

5）在新平面上绘制样条曲线，如图 6-1 所示。绘制完毕退出草图绘制状态。

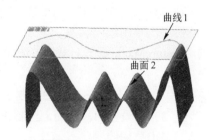

图 6-1　绘制样条曲线 1

6）选择菜单栏中的"插入"→"曲线"→"投影曲线"命令，或者单击"曲线"工具栏中的"投影曲线"按钮 ，系统弹出"投影曲线"属性管理器。

7）点选"面上草图"单选钮，在"要投影的草图"列表框 中，单击选择如图 6-1 所示的样条曲线 1；在"投影面"列表框 中，单击选择如图 6-1 所示的曲面 2；在视图中观测投影曲线的方向，若没有投影到曲面，则勾选"反转投影"复选框，使曲线投影到曲面上。"投影曲线"属性管理器设置如图 6-2 所示。

8）单击"确定"按钮 ，生成的投影曲线 1 如图 6-3 所示。

入门

草图
绘制

参考几
何体

草绘特
征建模

放置特
征建模

曲线与
曲面

装配体
设计

工程图
绘制

传动体
设计

第 6 章 ● 曲线与曲面 ○223

入门

草图
绘制

参考几
何体

草绘特
征建模

放置特
征建模

曲线与
曲面

装配体
设计

工程图
绘制

传动体
设计

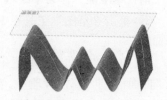

图6-2 "投影曲线"属性管理器1　　　　图6-3 投影曲线1

（2）利用两个相交的基准面上的曲线生成投影曲线。

1）新建一个文件，在左侧的"FeatureManager 设计树"中选择"前视基准面"作为草绘基准面。

2）选择菜单栏中的"工具"→"草图绘制实体"→"样条曲线"命令，在步骤 1）中设置的基准面上绘制一个样条曲线，如图6-4所示，然后退出草图绘制状态。

3）在左侧的"FeatureManager 设计树"中选择"上视基准面"作为草绘基准面。

4）选择菜单栏中的"工具"→"草图绘制实体"→"样条曲线"命令，在步骤 3）中设置的基准面上绘制一个样条曲线，如图6-5所示，然后退出草图绘制状态。

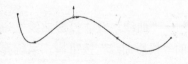

图6-4 绘制样条曲线2　　　　　　图6-5 绘制样条曲线3

5）选择菜单栏中的"插入"→"曲线"→"投影曲线"命令，系统弹出的"投影曲线"属性管理器。

6）选择"草图上草图"选钮，在"要投影的草图"列表框中，选择如图6-5所示的两条样条曲线，如图6-6所示。

7）单击"确定"按钮，生成的投影曲线如图6-7所示。

图 6-6 "投影曲线"属性管理器 2   图 6-7 投影曲线 2

 技巧荟萃

如果在执行"投影曲线"命令之前，先选择了"生成投影曲线的草图"，则在执行"投影曲线"命令后，"投影曲线"属性管理器会自动选择合适的投影类型。

6.1.2 组合曲线

组合曲线是指将曲线、草图几何和模型边线组合为一条单一曲线，生成的该组合曲线可以作为生成放样或扫描的引导曲线、轮廓线。

下面结合实例介绍创建组合曲线的操作步骤。

（1）单击"曲线"工具栏中的"组合曲线"按钮 ，系统弹出"组合曲线"属性管理器。

（2）在"要连接的实体"选项组中，选择如图 6-8 所示的边线 1、边线 2、边线 3、边线 4、边线 5 和边线 6，结果如图 6-9 所示。

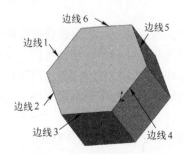

图 6-8 打开的文件实体

图 6-9 "组合曲线"属性管理器

入门

草图
绘制

参考几
何体

草绘特
征建模

放置特
征建模

曲线与
曲面

装配体
设计

工程图
绘制

传动体
设计

入门

草图绘制

参考几何体

草绘特征建模

放置特征建模

曲线与曲面

装配体设计

工程图绘制

传动体设计

（3）单击"确定"按钮，生成所需要的组合曲线。生成组合曲线后的图形及其"FeatureManager 设计树"如图 6-10 所示。

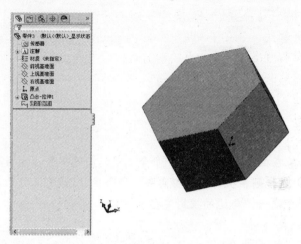

图 6-10　生成组合曲线后的图形及其"FeatureManager 设计树"

技巧荟萃

在创建组合曲线时，所选择的曲线必须是连续的，因为所选择的曲线要生成一条曲线。生成的组合曲线可以是开环的，也可以是闭合的。

6.1.3　分割线

分割线工具将草图投影到曲面或平面上，它可以将所选的面分割为多个分离的面，从而可以选择操作其中一个分离面，也可将草图投影到曲面实体生成分割线。利用分割线可创建拔模特征、混合面圆角，并可延展曲面来切除模具。创建分割线有以下几种方式。

- 投影：将一条草图线投影到一表面上创建分割线。
- 侧影轮廓线：在一个圆柱形零件上生成一条分割线。

● 交叉：以交叉实体、曲面、面、基准面或曲面样条曲线分割面。

下面介绍以投影方式创建分割线的操作步骤。

（1）新建一个文件，在左侧的"FeatureManager 设计树"中选择"前视基准面"作为草绘基准面。

（2）单击"草图"工具栏中的"多边形"按钮 ⊕，在步骤（1）中设置的基准面上绘制一个圆，然后单击"草图"工具栏中的"智能尺寸"按钮 ❤，标注绘制矩形的尺寸，如图 6-11 所示。

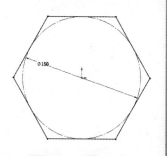

图 6-11 标注尺寸

（3）选择菜单栏中的"插入"→"凸台/基体"→"拉伸"命令，系统弹出"凸台-拉伸"属性管理器。在"终止条件"下拉列表框中选择"给定深度"选项，在"深度"文本框中输入"60"，如图 6-12 所示，单击"确定"按钮 ✔。

（4）单击"标准视图"工具栏中的"等轴测"按钮 🔲，将视图以等轴测方向显示，创建的拉伸特征如图 6-13 所示。

图 6-12 "凸台-拉伸"属性管理器

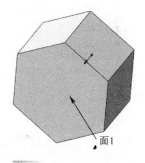

图 6-13 创建拉伸特征

入门

草图绘制

参考几何体

草绘特征建模

放置特征建模

曲线与曲面

装配体设计

工程图绘制

传动体设计

入门

草图
绘制

参考几
何体

草绘特
征建模

放置特
征建模

曲线与
曲面

装配体
设计

工程图
绘制

传动体
设计

（5）选择菜单栏中的"插入"→"参考几何体"→"基准面"
命令，系统弹出"基准面"属性管理器。在"参考实体"列表框
中，单击选择如图 6-13 所示
的面 1；在"等距距离"文本框
中输入"30"，并调整基准面
的方向，"基准面"属性管理器
设置如图 6-14 所示。单击"确
定"按钮，添加一个新的基
准面，添加基准面后的图形如
图 6-15 所示。

（6）单击步骤（5）中添加
的基准面，然后单击"标准视图"
工具栏中的"正视于"按钮，
将该基准面作为草绘基准面。

图 6-14 "基准面"属性管理器

（7）选择菜单栏中的"工
具"→"草图绘制实体"→"样条曲线"命令，在步骤（6）中
设置的基准面上绘制一个样条曲线，如图 6-16 所示，然后退出草
图绘制状态。

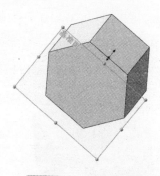

图 6-15 添加基准面

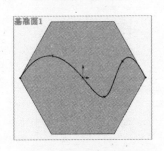

图 6-16 绘制样条曲线

（8）单击"标准视图"工具栏中的"等轴测"按钮，将
视图以等轴测方向显示，如图 6-17 所示。

（9）单击"曲线"工具栏中的"分割线"按钮，系统弹出"分割线"属性管理器。

（10）在"分割类型"选项组中，点选"投影"单选按钮；在"要投影的草图"列表框中，单击选择如图 6-17 所示的草图 2；在"要分割的面"列表框中，单击选择如图 6-17 所示的面 1，具体设置如图 6-18 所示。

入门

草图
绘制

参考几
何体

草绘特
征建模

放置特
征建模

曲线与
曲面

装配体
设计

工程图
绘制

传动体
设计

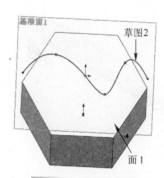

图 6-17　等轴测视图

图 6-18　"分割线"属性管理器

（11）单击"确定"按钮，生成的分割线及其"FeatureManager 设计树"如图 6-19 所示。

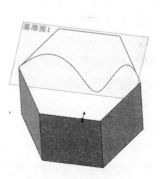

图 6-19　生成的分割线及其"FeatureManager 设计树"

第 6 章 ● 曲线与曲面 ○ **229**

入门

草图
绘制

参考几
何体

草绘特
征建模

放置特
征建模

曲线与
曲面

装配体
设计

工程图
绘制

传动体
设计

技巧荟萃

在使用投影方式绘制投影草图时，绘制的草图在投影面上的投影必须穿过要投影的面，否则系统会提示错误，而不能生成分割线。

6.1.4 实例——球棒

本实例绘制球棒，如图 6-20 所示。

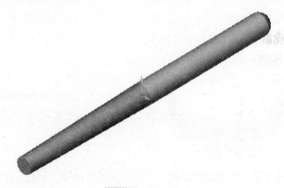

图 6-20 球棒

绘制步骤

（1）选择菜单栏中的"文件"→"新建"命令，创建一个新的零件文件。

（2）单击"草图"工具栏中的"草图绘制" ⬚ 按钮，新建一张草图。默认情况下，新的草图在前视基准面上打开。绘制草图，如图 6-21 所示。

（3）单击"特征"工具栏中的"拉伸凸台/基体" ⬚ 按钮，在弹出的"拉伸"属性管理器的"方向 1"选项组中设定拉伸"终止条件"为"两侧对称"；在"深度"文本框 ⬚ 中输入"160"。单击"确定"按钮 ✓，生成的拉伸实体特征，如图 6-22 所示。

（4）单击"参考几何体"工具栏中的"基准面"按钮◈，系统弹出"基准面"属性管理器。选择上视基准面，然后在"基准面"属性管理器的"等距距离"文本框⬚中输入"20"，单击"确定"按钮✔，生成分割线所需的基准面1。

（5）单击"草图"工具栏中的"草图绘制"按钮⬚，在基准面1上打开一张草图，即草图2。单击"标准视图"工具栏中的"正视于"按钮⬚，正视于基准面1视图。

（6）单击"草图"工具栏中的"直线"按钮⬚，在基准面1上绘制一条通过原点的竖直直线。

（7）单击"标准视图"工具栏中的"隐藏线变暗"按钮⬚，以轮廓线观察模型。单击"标准视图"工具栏中的"等轴测"按钮⬚，用等轴测视图观看图形，如图6-23所示。

图6-21　草图　　　图6-22　基体拉伸特征　　　图6-23　生成草图2

（8）选择菜单栏中的"插入"→"曲线"→"分割线"命令，系统弹出"分割线"属性管理器。在"分割类型"选项组中点选"投影"单选按钮，单击按钮⬚右侧的列表框，在图形区中选择草图2作为投影草图；单击按钮⬚右侧的列表框，然后在图形区中选择圆柱的侧面作为要分割的面，如图6-24所示。单击"确定"按钮✔，生成平均分割圆柱的分割线，如图6-25所示。

（9）单击"特征"工具栏中的"拔模"按钮⬚，或执行"插入"→"特征"→"拔模"菜单命令，系统弹出"拔模"属性管理器。在"拔模类型"选项组中点选"中性面"单选按钮，在"角度"文本框⬚中输入"1"；勾选"分型面"选项组，然后选择上

入门

草图绘制

参考几何体

草绘特征建模

放置特征建模

曲线与曲面

装配体设计

工程图绘制

传动体设计

入门

草图
绘制

参考几
何体

草绘特
征建模

放置特
征建模

曲线与
曲面

装配体
设计

工程图
绘制

传动体
设计

一步创建的分割线；单击"拔模面"选项组按钮 <!--icon--> 右侧的列表框，然后在图形区中选择圆柱侧面为拔模面。单击"确定"按钮 <!--icon-->，完成分型面拔模特征。

图 6-24 "分割线"属性管理器   图 6-25   生成分割线

（10）单击选择柱形的底端面（拔模的一端）作为创建圆顶的基面。单击"特征"工具栏中的"圆顶"按钮 <!--icon-->，或选择菜单栏中的"插入"→"特征"→"圆顶"命令，在弹出的"圆顶"属性管理器中指定圆顶的高度为"5"。单击"确定"按钮 <!--icon-->，生成圆顶特征。结果如图 6-20 所示。

6.1.5   螺旋线和涡状线

螺旋线和涡状线通常在零件中生成，这种曲线可以被当成一个路径或者引导曲线使用在扫描的特征上，或作为放样特征的引导曲线，通常用来生成螺纹、弹簧和发条等零件。下面将分别介绍绘制这两种曲线的操作步骤。

（1）创建螺旋线。

1）新建一个文件，在左侧的"FeatureManager 设计树"中选择"前视基准面"作为草绘基准面。

2）单击"草图"工具栏中的"圆"按钮 <!--icon-->，在步骤 1）中设置的基准面上绘制一个圆，然后单击"草图"工具栏中的"智能尺寸"按钮 <!--icon-->，标注绘制圆的尺寸，如图 6-26 所示。

入门

草图绘制

参考几何体

草绘特征建模

放置特征建模

曲线与曲面

装配体设计

工程图绘制

传动体设计

3）或者单击"曲线"工具栏中的"螺旋线/涡状线"按钮 ，系统弹出"螺旋线/涡状线"属性管理器。

4）在"定义方式"选项组中，选择"螺距和圈数"选项；点选"恒定螺距"单选按钮；在"螺距"文本框中输入"15"；在"圈数"文本框中输入"6"；在"起始角度"文本框中输入"135"，其他设置如图 6-27 所示。

5）单击"确定"按钮 ，生成所需要的螺旋线。

6）单击右键，在弹出的快捷菜单中选择"旋转视图"命令 ，将视图以合适的方向显示。生成的螺旋线及其"FeatureManager 设计树"如图 6-28 所示。

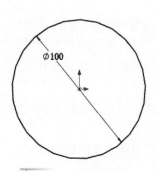

图 6-26　标注尺寸 1

图 6-27　"螺旋线/涡状线"属性管理器 1

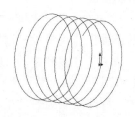

图 6-28　生成的螺旋线及其"FeatureManager 设计树"

入门

草图
绘制

参考几
何体

草绘特
征建模

放置特
征建模

曲线与
曲面

装配体
设计

工程图
绘制

传动体
设计

使用该命令还可以生成锥形螺纹线，如果要绘制锥形螺纹线，则在"螺旋线/涡状线"属性管理器中勾选"锥度螺纹线"复选框。

如图 6-29 所示为取消对"锥度外张"复选框的勾选设置后生成的内张锥形螺纹线。如图 6-30 所示为勾选"锥度外张"复选框的设置后生成的外张锥形螺纹线。

图 6-29　内张锥形螺纹线

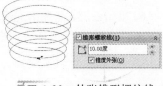

图 6-30　外张锥形螺纹线

在创建螺纹线时，有螺距和圈数、高度和圈数、高度和螺距等几种定义方式，这些定义方式可以在"螺旋线/涡状线"属性管理器的"定义方式"选项中进行选择。下面简单介绍这几种方式的意义。

- "螺距和圈数"：创建由螺距和圈数所定义的螺旋线，选择该选项时，参数相应发生改变。
- "高度和圈数"：创建由高度和圈数所定义的螺旋线，选择该选项时，参数相应发生改变。
- "高度和螺距"：创建由高度和螺距所定义的螺旋线，选择该选项时，参数相应发生改变。

（2）创建涡状线。

1）新建一个文件，在左侧的"FeatureManager 设计树"中选择"前视基准面"作为草绘基准面。

2）单击"草图"工具栏中的"圆"按钮 ⊘，在步骤 1）中设置的基准面上绘制一个圆，然后单击"草图"工具栏中的"智能尺寸"按钮 ⊘，标注绘制圆的尺寸，如图 6-31 所示。

3）单击"曲线"工具栏中的"螺旋线/涡状线"按钮 ８，系统弹出"螺旋线/涡状线"属性管理器。

4) 在"定义方式"选项组中，选择"涡状线"选项；在"螺距"文本框中输入"15"；在"圈数"文本框中输入"6"；在"起始角度"文本框中输入"135"，其他设置如图 6-32 所示。

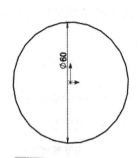

图 6-31　标注尺寸 2　　　　图 6-32　"螺旋线/涡状线"属性管理器 2

5) 单击"确定"按钮 ，生成的涡状线及其"FeatureManager 设计树"如图 6-33 所示。

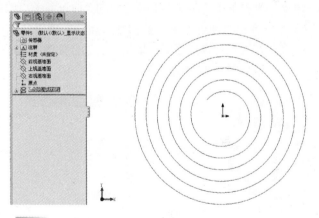

图 6-33　生成的涡状线及其"FeatureManager 设计树"

SolidWorks 既可以生成顺时针涡状线，也可以生成逆时针涡状线。在执行命令时，系统默认的生成方式为顺时针方式，顺时针涡状线如图 6-34 所示。在如图 6-32 所示"螺旋线/涡状线"

入门

草图
绘制

参考几
何体

草绘特
征建模

放置特
征建模

曲线与
曲面

装配体
设计

工程图
绘制

传动体
设计

属性管理器中点选"逆时针"单选按钮，就可以生成逆时针方向的涡状线，如图 6-35 所示。

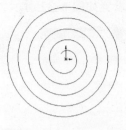

图 6-34　顺时针涡状线　　　　　图 6-35　逆时针涡状线

6.1.6　通过参考点的曲线

通过参考点的曲线是指生成一个或者多个平面上点的曲线。下面结合实例介绍创建通过参考点的曲线的操作步骤。

（1）选择菜单栏中的"插入"→"曲线"→"通过参考点的曲线"命令，或者单击"曲线"工具栏中的"通过参考点的曲线"按钮，系统弹出"通过参考点的曲线"属性管理器。

（2）在"通过点"选项组中，依次单击选择如图 6-36 所示实体上的点，结果如图 6-37 所示。

图 6-36　打开的文件实体　　　　图 6-37　"曲线 1"属性管理器

（3）单击"确定"按钮，生成通过参考点的曲线。生成曲线后的图形及其"FeatureManager 设计树"如图 6-38 所示。

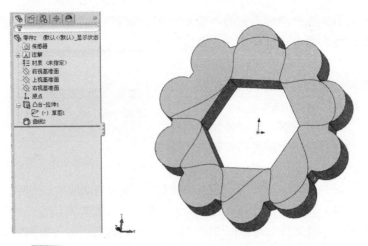

图 6-38　生成曲线后的图形及其"FeatureManager 设计树"

在生成通过参考点的曲线时，系统默认生成的为开环曲线，如图 6-39 所示。如果在"曲线 1"属性管理器中勾选"闭环曲线"复选框，则执行命令后，会自动生成闭环曲线，如图 6-40 所示。

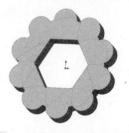

图 6-39　通过参考点的开环曲线

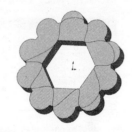

图 6-40　通过参考点的闭环曲线

6.1.7　通过 XYZ 点的曲线

通过 XYZ 点的曲线是指生成通过用户定义的点的样条曲线。在 SolidWorks 中，用户既可以自定义样条曲线通过的点，也可以利用点坐标文件生成样条曲线。

下面介绍创建通过 XYZ 点的曲线的操作步骤。

入门

草图
绘制

参考几
何体

草绘特
征建模

放置特
征建模

曲线与
曲面

装配体
设计

工程图
绘制

传动体
设计

入门

草图
绘制

参考几
何体

草绘特
征建模

放置特
征建模

曲线与
曲面

装配体
设计

工程图
绘制

传动体
设计

（1）选择菜单栏中的"插入"→"曲线"→"通过 XYZ 点的曲线"命令，或者单击"曲线"工具栏中的"通过 XYZ 的曲线"按钮 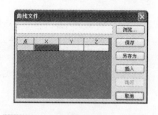，系统弹出的"曲线文件"对话框如图 6-41 所示。

（2）单击 X、Y 和 Z 坐标列各单元格并在每个单元格中输入一个点坐标。

图 6-41　"曲线文件"对话框

（3）在最后一行的单元格中双击时，系统会自动增加一个新行。

（4）如果要在行的上面插入一个新行，只要单击该行，然后单击"曲线文件"对话框中的"插入"按钮即可；如果要删除某一行的坐标，单击该行，然后按〈Delete〉键即可。

（5）设置好的曲线文件可以保存下来。单击"曲线文件"对话框中的"保存"按钮或者"另存为"按钮，系统弹出"另存为"对话框，选择合适的路径，输入文件名称，单击"保存"按钮即可。

（6）如图 6-42 所示为一个设置好的"曲线文件"对话框，单击对话框中的"确定"按钮，即可生成需要的曲线，如图 6-43 所示。

图 6-42　设置好的"曲线文件"对话框　　图 6-43　通过 XYZ 点的曲线

保存曲线文件时，SolidWorks 默认文件的扩展名称为"*.sldcrv"，如果没有指定扩展名，SolidWorks 应用程序会自动添加扩展名".sldcrv"。

在 SolidWorks 中，除了在"曲线文件"对话框中输入坐标来定义曲线外，还可以通过文本编辑器、Excel 等应用程序生成坐标文件，将其保存为"*.txt"文件，然后导入系统即可。

💡 **技巧荟萃**

在使用文本编辑器、Excel 等应用程序生成坐标文件时，文件中必须只包含坐标数据，而不能是 X、Y 或 Z 的标号及其他无关数据。

下面介绍通过导入坐标文件创建曲线的操作步骤。

（1）选择菜单栏中的"插入"→"曲线"→"通过 XYZ 点的曲线"命令，或者单击"曲线"工具栏中的"通过 XYZ 的曲线"按钮 ✓ ，系统弹出的"曲线文件"对话框如图 6-44 所示。

（2）单击"曲线文件"对话框中的"浏览"按钮，弹出"打开"对话框，查找需要输入的文件名称，然后单击"打开"按钮。

（3）插入文件后，文件名称显示在"曲线文件"对话框中，并且在图形区中可以预览显示效果，如图 6-44 所示。双击其中的坐标可以修改坐标值，直到满意为止。

（4）单击"曲线文件"对话框中的"确定"按钮，生成需要的曲线。

图 6-44　插入的文件及其预览效果

6.1.8　实例——内六角螺钉

绘制如图 6-45 所示的内六角螺钉。

1．创建六边形形基体

（1）单击"标准"工具栏中的"新建"按钮 □ ，创建一个新的零件文件。

（2）在左侧的"FeatureMannger 设计

图 6-45　内六角螺钉

入门

草图
绘制

参考几
何体

草绘特
征建模

放置特
征建模

曲线与
曲面

装配体
设计

工程图
绘制

传动体
设计

树"中选择"前视基准面"作为绘图基准面，单击"草图"工具栏中的"圆"按钮⊘，绘制一个直径为 10 的圆，圆的中心在原点。

（3）单击"特征"工具栏中的"拉伸凸台/基体"按钮，拉伸生成一个长为 6 的圆柱实体。

2. 切除生成孔特征

（1）单击圆柱实体的端面，如图 6-46 所示，然后单击"视图"工具栏中的"正视于"按钮，将该表面作为绘制图形的基准面。

（2）在绘图基准面上，绘制一个直径为 5.8 的圆，与圆柱体同心，如图 6-47 所示。

（3）单击"特征"工具栏中的"切除拉伸"按钮，此时系统弹出"切除-拉伸"属性管理器，在"深度"一栏中输入"3"，然后单击"确定"按钮。

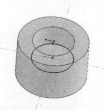

图 6-46　设置基准面　　　　图 6-47　生成草图

3. 创建切除圆锥面

（1）单击刚生成切除拉伸的底面，然后单击"前导"工具栏中的"正视于"按钮，将该表面作为绘制图形的基准面并打开一张草图。

（2）单击"草图"工具栏中的"转换实体引用"按钮，将拉伸切除生成的内腔的底面边线转换为草图圆，如图 6-47 所示。

（3）单击"特征"工具栏中的"切除拉伸"按钮，在系统

入门

草图
绘制

参考几
何体

草绘特
征建模

放置特
征建模

曲线与
曲面

装配体
设计

工程图
绘制

传动体
设计

弹出"切除-拉伸"属性管理器，按下"拔模"开关按钮，分别进行如图 6-48 所示设置，然后单击"确定"按钮，生成切除的圆锥面。结果如图 6-49 所示。

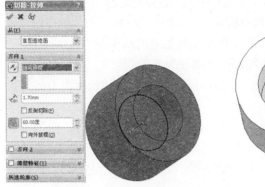

图 6-48 "切除-拉伸"属性管理器　图 6-49 切除拉伸生成的圆锥面

4．创建内六角孔

（1）单击螺钉帽的顶面，然后单击"前导"工具栏中的"正视于"按钮，将该表面作为绘制图形的基准面并打开一张草图。

（2）单击"草图"工具栏中的"转换实体引用"按钮，将螺钉帽顶面的内侧圆边线转换为草图圆，如图 6-50 中所示。

图 6-50　生成草图

（3）单击"草图"工具栏中的"多边形"按钮，绘制一个多边形，多边形的中心在原点。系统弹出"多边形"属性管理器，在属性管理器中"边数"栏中输入"6"，选择"内切圆"复选框，在"圆直径"栏中输入"5"。然后单击"确定"按钮。

（4）单击"特征"工具栏中的"拉伸凸台/基体"按钮，在"深度"一栏中输入"4"，按下"反向"按钮，然后单击"确定"按钮。结果如图 6-51 所示。

第 6 章 ● 曲线与曲面 ○ **241**

入门

草图
绘制

参考几
何体

草绘特
征建模

放置特
征建模

曲线与
曲面

装配体
设计

工程图
绘制

传动体
设计

（5）单击"特征"工具栏"圆角"按钮，选择螺钉帽顶面的边线，圆角半径设置为"1"，单击"确定"按钮。结果如图 6-52 所示。

5. 创建螺柱部分

（1）单击螺钉帽的底面，然后单击"前导"工具栏中的"正视于"按钮，将该表面作为绘制图形的基准面。

（2）在基准面上绘制一个直径为 6 的圆。

（3）将圆草图拉伸生成螺钉轮廓实体，拉伸长度为 16。结果如图 6-53 所示。

图 6-51　生成内六角孔　　　图 6-52　圆角　　　图 6-53　螺钉轮廓实体

6. 生成螺纹实体

（1）在左侧的"FeatureMannger 设计树"中选择"上视基准面"作为绘图基准面。

（2）绘制切除牙型轮廓草图，如图 6-54 所示。单击右上角的"确定"按钮。

（3）单击"草图"工具栏中的"转换实体引用"按钮，将螺钉的底面轮廓转换为草图直线，如图 6-55 所示。

（4）单击"特征"工具栏中的"螺旋线/涡状线"按钮，弹出"螺旋线/涡状线"属性管理器，在属性管理器中选择定义方式为"高度和螺距"，输入"高度"为"16"，"螺距"为"1"，"起始角"度为"0"，选择"方向"为"顺时针"，然后单击"确定"按钮。生成螺旋线如图 6-56 所示。

（5）单击"特征"工具栏中的"扫描切除"按钮，弹出"切除-扫描"属性管理器。在"轮廓按钮" 一栏中选择图形区域中的牙型草图；在"路径按钮" 一栏中选择螺旋线作为路径草图，单击"确定"按钮 。结果如图 6-45 所示。

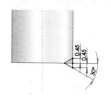
图 6-54　牙型轮廓草图

图 6-55　生成草图

图 6-56　生成螺旋线

6.2　创建曲面

　　一个零件中可以有多个曲面实体。SolidWorks 提供了专门的"曲面"工具栏，如图 6-57 所示。利用该工具栏中的命令既可以生成曲面，也可以对曲面进行编辑。

图 6-57　"曲面"工具栏

SolidWorks 提供多种方式来创建曲面，主要有以下几种。

- 由草图或基准面上的一组闭环边线插入一个平面。
- 由草图拉伸、旋转、扫描或者放样生成曲面。
- 由现有面或者曲面生成等距曲面。
- 从其他程序（如 CATIA、ACIS、Pro/ENGINEER、Unigraphics、SolidEdge、Autodesk Inverntor 等）输入曲面文件。
- 由多个曲面组合成新的曲面。

6.2.1　平面区域

　　用户可以通过闭合草图或者在零件中选择闭合边线来生成

入门

草图
绘制

参考几
何体

草绘特
征建模

放置特
征建模

曲线与
曲面

装配体
设计

工程图
绘制

传动体
设计

入门

草图
绘制

参考几
何体

草绘特
征建模

放置特
征建模

曲线与
曲面

装配体
设计

工程图
绘制

传动体
设计

曲面。延伸曲面在拆模时最常用。当零件进行模塑,产生公母模之前,必须先生成模块与分型面,延展曲面就用来生成分型面。

操作步骤如下。

(1)单击"曲面"工具栏上的"平面区域"按钮 ,弹出"平面"属性管理器。

(2)在"平面"属性管理器中单击按钮 ◇ 右侧的显示框,然后在右面的图形区域中选择要实体边线或者草图,如图 6-58 所示。

(3)单击"确定"按钮 ✔,完成平面曲面的创建,如图 6-59 所示。

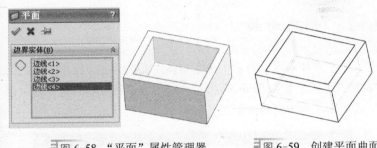

图 6-58 "平面"属性管理器 图 6-59 创建平面曲面

6.2.2 边界曲面

边界曲面可生成两个方向上相切或曲率连续的曲面。边界曲面可以在单一方向上创建边界曲面也可以通过两个方向上生成边界曲面。

操作步骤如下。

(1)利用样条曲线绘制如图 6-60 所示的草图。

(2)单击"曲面"工具栏上的"边界曲面"按钮 ,弹出"边界-曲面"属性管理器,如图 6-61 所示。

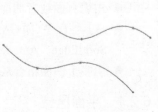

图 6-60 创建平面曲面

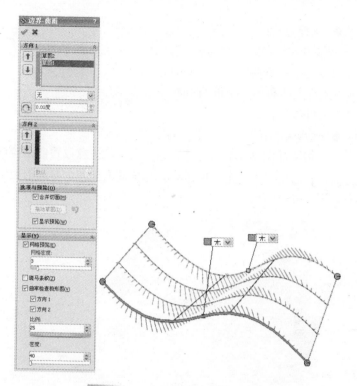

图 6-61 "边界-曲面"属性管理器

（3）在"边界-曲面"属性管理器中，单击方向 1 的显示框，然后在右面的图形区域中选择要边界的边线。

（4）单击"确定"按钮 ✅，完成曲面的延展。如图 6-62 所示。

6.2.3 拉伸曲面

图 6-62　边界曲面

拉伸曲面是指将一条曲线拉伸为曲面。拉伸曲面可以从以下几种情况开始拉伸，即从草图所在的基准面拉伸、从指定的曲面/面/基准面开始拉伸、从草图的顶点开始拉伸以及从与当前草图基准面等距的基准面上开始拉伸等。

入门

草图绘制

参考几何体

草绘特征建模

放置特征建模

曲线与曲面

装配体设计

工程图绘制

传动体设计

入门

草图
绘制

参考几
何体

草绘特
征建模

放置特
征建模

曲线与
曲面

装配体
设计

工程图
绘制

传动体
设计

◆ 执行方式：

"曲面"→"拉伸曲面"按钮。

绘制一个样条曲线，如图 6-63 所示。执行上述命令，打开"曲面-拉伸"属性管理器。

图 6-63　绘制样条曲线

◆ 选项说明：

（1）按照如图 6-64 所示进行选项设置，注意设置曲面拉伸的方向，然后单击"确定"按钮，完成曲面拉伸。得到的拉伸曲面如图 6-65 所示。

图 6-64　"曲面-拉伸"属性管理器　　　图 6-65　拉伸曲面

（2）在"曲面-拉伸"属性管理器中，"方向 1"选项组的"终止条件"下拉列表框用来设置拉伸的终止条件，其各选项的意义如下。

● "给定深度"：从草图的基准面拉伸特征到指定距离处形成拉伸曲面。

● "成形到一顶点"：从草图基准面拉伸特征到模型的一个顶点所在的平面，这个平面平行于草图基准面且穿越指定的顶点。

● "成形到一面"：从草图基准面拉伸特征到指定的面或者基准面。

● "到离指定面指定的距离"：从草图基准面拉伸特征到

离指定面的指定距离处生成拉伸曲面。

● "成形到实体"：从草图基准面拉伸特征到指定实体处。
● "两侧对称"：以指定的距离拉伸曲面，并且拉伸的曲面关于草图基准面对称。

6.2.4 实例——窗棂

本实例绘制的窗棂如图 6-66 所示。由窗框和扇片部分组成。绘制该模型的命令主要有拉伸曲面和镜像命令等。

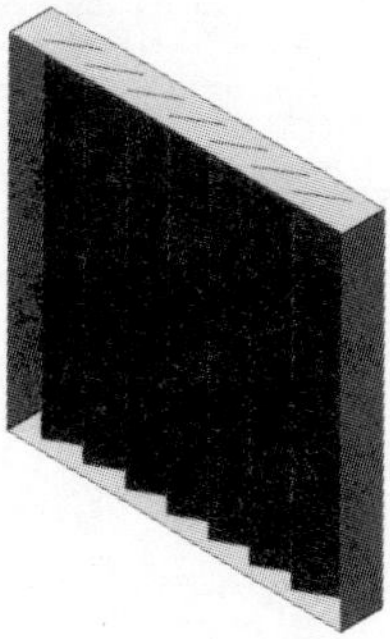

图 6-66 窗棂

绘制步骤

（1）单击"标准"工具栏中的"新建"按钮 □，在弹出的"新建 SolidWorks 文件"对话框中选择"零件"按钮 █，然后单击"确定"按钮，创建一个新的零件文件。

（2）在左侧"FeatureManager 设计树"中用鼠标选择"上视基准面"，然后单击"视图"工具栏中的"正视于"按钮 ⊥，将该基准面作为绘制图形的基准面。

（3）单击"草图"工具栏中的"草图绘制"按钮 ☑，进入草图绘制界面。选择右视图插入草绘平面，单击"草图"工具栏中的"边角矩形"按钮 □ 和"智能尺寸"按钮 ◇，绘制并标注矩形，如图 6-67 所示。

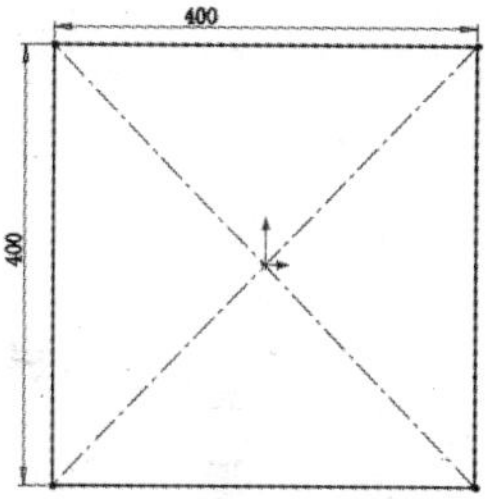

图 6-67 绘制矩形

（4）单击"曲面"工具栏中的"拉伸曲面"按钮 ◈，弹出"曲面-拉伸"属性管理器，参数设置如图 6-68 所示，单击"确定"按钮，结果如图 6-69 所示。

（5）在左侧"FeatureManager 设计树"中用鼠标选择"前视基准面"，然后单击"前导"工具栏中的"正视于"按钮 ⊥，将该基准面作为绘制图形的基准面。单击"草图"工具栏中的"草

入门

草图绘制

参考几何体

草绘特征建模

放置特征建模

曲线与曲面

装配体设计

工程图绘制

传动体设计

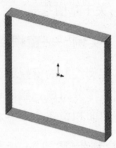

图绘制"按钮 ，进入草图绘制环境。

（6）单击"草图"工具栏中的"直线"按钮 和"智能尺寸"按钮 ，绘制并标注直线，结果如图 6-70 所示。

图 6-68　"曲面-拉伸"属性管理器　　　图 6-69　拉伸曲面

（7）单击"参考几何体"工具栏中的"基准面"按钮 ，弹出"基准面"属性管理器，参数设置如图 6-71 所示，设置基准面 1。

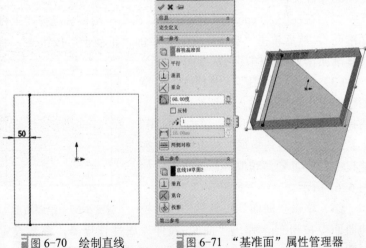

图 6-70　绘制直线　　　　　　图 6-71　"基准面"属性管理器

（8）在左侧"FeatureManager 设计树"中用鼠标选择上步绘制的基准面 1，然后单击"视图"工具栏中的"正视于"按钮 ，将该基准面作为绘制图形的基准面。单击"草图"工具栏中的"草图绘制"按钮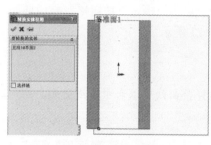，进入草图绘制环境。

（9）单击"草图"工具栏中的"转换实体引用"按钮，弹出"转换实体引用"属性管理器，选择边线，如图 6-72 所示。单击"确定"按钮，退出对话框。单击"退出草绘"按钮，完成草图绘制。

（10）单击"曲面"工具栏中的"拉伸曲面"按钮，弹出"曲面-拉伸"属性管理器，参数设置如图 6-73 所示，单击"确定"按钮，结果如图 6-74 所示。

（11）选择菜单栏中的"视图"→"基准轴"命令，取消基准轴显示；选择菜单栏中的"视图"→"草图"命令，取消草图显示。

（12）单击"特征"工具栏中的"线性阵列"按钮，弹出"线性阵列"属性管理器，参数设置如图 6-75 所示，结果如图 6-66 所示。

入门

草图绘制

参考几何体

草绘特征建模

放置特征建模

曲线与曲面

装配体设计

工程图绘制

传动体设计

图 6-72 "转换实体引用"
属性管理器

图 6-73 "曲面-拉伸"
属性管理器

图 6-74 拉伸结果

图 6-75 "线性阵列"属性管理器

入门

草图
绘制

参考几
何体

草绘特
征建模

放置特
征建模

曲线与
曲面

装配体
设计

工程图
绘制

传动体
设计

6.2.5　旋转曲面

旋转曲面是指将交叉或者不交叉的草图，用所选轮廓指针生成旋转曲面。旋转曲面主要由 3 部分组成，即旋转轴、旋转类型和旋转角度。

◆　执行方式：

"曲面"→"旋转曲面"按钮。

执行上述命令，打开"曲面-旋转"属性管理器，如图 6-76 所示。

◆　选项说明：

（1）绘制一个样条曲线，按照如图 6-76 所示进行选项设置，注意设置曲面拉伸的方向，然后单击"确定"按钮，完成曲面旋转。得到的旋转曲面如图 6-77 所示。

技巧荟萃

生成旋转曲面时，绘制的样条曲线可以和中心线交叉，但是不能穿越。

图 6-76　"曲面-旋转"属性管理器　　　图 6-77　旋转曲面后

（2）在"曲面-旋转"属性管理器中，"旋转参数"选项组的"旋转类型"下拉列表框用来设置旋转的终止条件，其各选项的意义如下。

●"单向"：草图沿一个方向旋转生成旋转曲面。如果要改变

入门

草图绘制

参考几何体

草绘特征建模

放置特征建模

曲线与曲面

装配体设计

工程绘制

传动体设计

旋转的方向，单击"旋转类型"下拉列表框左侧的"反向"按钮⟳即可。

● "两侧对称"：草图以所在平面为中面分别向两个方向旋转，并且关于中面对称。

● "双向"：草图以所在平面为中面分别向两个方向旋转指定的角度，这两个角度可以分别指定。

6.2.6 实例——花盆

本实例绘制的花盆如图6-78所示。该花盆模型由杯体和边沿部分组成。绘制该模型的命令主要有旋转曲面。

图6-78 花盆模型

绘制步骤

（1）单击"标准"工具栏中的"新建"按钮☐，打开"新建 SoildWorks 文件"对话框，在其中单击"零件"按钮🗏，然后单击"确定"按钮，创建一个新的零件文件。

（2）绘制花盆盆体。

1）在左侧"FeatureManager 设计树"中用鼠标选择"上视基准面"，然后单击"前导"工具栏中的"正视于"按钮↧，将该基准面作为绘制图形的基准面，单击"草图"工具栏中的"草图绘制"按钮𝒞，进入草图绘制环境。

2）单击"草图"工具栏中的"中心线"按钮⫶，绘制一条通过原点的竖直中心线，然后单击"草图"工具栏中的"直线"按钮╲，绘制两条直线。

3）单击"草图"工具栏中的"智能尺寸"按钮⬨，标注上一步绘制的草图，结果如图 6-79 所示。

4）单击"曲面"工具栏中的"旋转曲面"按钮🕮，此时系统弹出如图 6-80 所示的"曲面-旋转"属性管理器。在"旋转轴"一栏中，用鼠标选择图 6-79 中的竖直中心线，其他设置参考图6-80。单击属性管理器中的"确定"按钮✓，完成曲面旋转。

入门

草图
绘制

参考几
何体

草绘特
征建模

放置特
征建模

曲线与
曲面

装配体
设计

工程图
绘制

传动体
设计

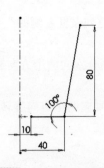

图 6-79 标注的草图 　　图 6-80 "曲面-旋转"属性管理器

5）观测视图区域中的预览图形，然后单击属性管理器中的"确定"按钮，生成花盆盆体。结果如图 6-81 所示。

接下来开始绘制花盆边沿。

（1）单击"曲面"工具栏中的"延展曲面"按钮，此时系统弹出"延展曲面"属性管理器。

（2）在属性管理器的"延展方向参考"一栏中，用鼠标选择"FeatureManager 设计树"中的"前视基准面"；在"要延展的边线"一栏中，用鼠标选择图 6-81 中的边线 1，此时"延展曲面"属性管理器如图 6-82 所示。在设置过程中注意延展曲面的方向，如图 6-82 所示。

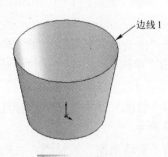

图 6-81 花盆盆体 　　图 6-82 "延展曲面"属性管理器

（3）单击"确定"按钮，生成延展曲面。如图 6-83 所示。

（4）单击"曲面"工具栏中的"缝合曲面"按钮，此时系统弹出如图 6-84 所示的"缝合曲面"属性管理器。在"要缝合的曲面和面"一栏中，用鼠标选择图 6-85 中的曲面 1 和曲面 2，然后单击"确定"按钮，完成曲面缝合，结果如图 6-86 所示。

图 6-83　延展曲面方向图示　　图 6-84　"缝合曲面"属性管理器

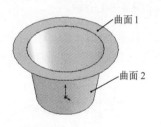

图 6-85　生成延展曲面

图 6-86　缝合曲面

🤓 技巧荟萃

曲面缝合后，外观没有任何变化，只是将多个面组合成一个面。此处缝合的意义是为了将两个面的交线进行圆角处理，因为面的边线不能圆角处理，所以将两个面缝合为一个面。

（5）单击"特征"工具栏中的"圆角"按钮，此时系统弹出"圆角"属性管理器。在"圆角项目"的"边线、面、特征和

入门

草图绘制

参考几何体

草绘特征建模

放置特征建模

曲线与曲面

装配体设计

工程图绘制

传动体设计

入门

草图
绘制

参考几
何体

草绘特
征建模

放置特
征建模

曲线与
曲面

装配体
设计

工程图
绘制

传动体
设计

环"一栏中，用鼠标选择图 6-86 中的边线 1；在"半径"  一栏中输入"10"。其他设置如图 6-87 所示。单击属性管理器中的"确定"按钮✔️，完成圆角处理。结果如图 6-78 所示。

6.2.7 扫描曲面

扫描曲面是指通过轮廓和路径的方式生成曲面，与扫描特征类似，也可以通过引导线扫描曲面。

◆ 执行方式：

"曲面"→"扫描曲面"按钮🅲。

图 6-87 "圆角"属性管理器

绘制两条样条曲线，分别作为扫描曲面的轮廓和路径，如图 6-88 和图 6-89 所示。执行上述命令，打开"曲面-扫描"属性管理器，如图 6-90 所示。

图 6-88　绘制样条曲线 1

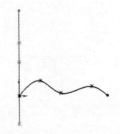

图 6-89　绘制样条曲线 2

◆ 选项说明：

（1）在"轮廓"列表框🅲中，单击样条曲线 1；在"路径"列表框🅲中，单击样条曲线 2，单击"确定"按钮✔️，完成曲面扫描。

（2）单击"标准视图"工具栏中的"等轴测"按钮▣，将视图以等轴测方向显示，创建的扫描曲面如图 6-91 所示。

图 6-90 "曲面-扫描"属性管理器　　　图 6-91　扫描曲面

技巧荟萃

　　在使用引导线扫描曲面时，引导线必须贯穿轮廓草图，通常需要在引导线和轮廓草图之间建立重合和穿透几何关系。

6.2.8　实例——刀柄

　　本实例是一个利用曲线、曲面工具的刀柄，绘制的模型如图 6-92 所示。

图 6-92　刀柄

绘制步骤

　　（1）单击"标准"工具栏中的"新建"按钮，在弹出的"新建 SolidWorks 文件"对话框中选择"零件"按钮，然后单击"确定"按钮，创建一个新的零件文件。

　　（2）在左侧"FeatureManager 设计树"中用鼠标选择"上视基准面"，然后单击"前导"工具栏中的"正视于"按钮，将该基准面作为绘制图形的基准面。

　　（3）单击"草图"工具栏中的"草图绘制"按钮，进入草图绘制界面。选择右视图插入草绘平面，单击"草图"工具栏中的"直线"按钮，绘制一端在原点长为 170 的直线，如图 6-93 所示。

　　（4）选择"右视基准面"为草绘平面，单击"草图"工具栏

入门

草图绘制

参考几何体

草绘特征建模

放置特征建模

曲线与曲面

装配体设计

工程图绘制

传动体设计

中"样条曲线"按钮 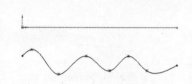，绘制如图 6-93 所示的刀柄波纹线。

（5）选择"前视基准面"插入草绘平面，并选择椭圆工具绘制如图所示的椭圆形，定义几何关系使得椭圆长轴端点分别与直线及样条曲线相交。生成如图 6-94 所示的草图特征。

图 6-93　绘制刀柄波纹线草图　　　图 6-94　新增基准面绘制椭圆

（6）单击"曲面"工具栏中的"扫描曲面"按钮 ，在出现的"曲面-扫描"属性管理器中设置各参数，如图 6-95 所示，预览状态如图 6-96 所示，单击"确定"按钮 。

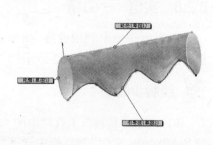

图 6-95　"曲面-扫描"属性管理器　　图 6-96　生成的刀柄预览状态

6.2.9　放样曲面

放样曲面是指通过曲线之间的平滑过渡而生成曲面的方法。放样曲面主要由放样的轮廓曲线组成，如果有必要可以使用引导线。

◆　执行方式：

"曲面"→"放样曲面"按钮 。

执行上述命令，打开"曲面-放样"属性管理器。

入门

草图绘制

参考几何体

草绘特征建模

放置特征建模

曲线与曲面

装配体设计

工程图绘制

传动体设计

◆ 选项说明：

（1）在"轮廓"选项组中，依次选择如图 6-97 所示的样条曲线 1、样条曲线 2 和样条曲线 3，如图 6-98 所示。

（2）单击"确定"按钮 ✅，创建的放样曲面如图 6-99 所示。

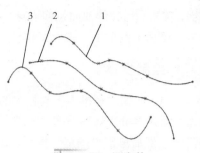

入门

草图绘制

参考几何体

草绘特征建模

放置特征建模

曲线与曲面

装配体设计

工程图绘制

传动体设计

图 6-97　源文件

图 6-98　"曲面-放样"属性管理器

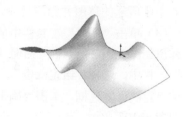

图 6-99　放样曲面

🐷 **技巧荟萃**

（1）放样曲面时，轮廓曲线的基准面不一定要平行。

（2）放样曲面时，可以应用引导线控制放样曲面的形状。

6.2.10　实例——平底锅

本实例绘制如图 6-100 所示的平底

图 6-100　平底锅

入门

草图
绘制

参考几
何体

草绘特
征建模

放置特
征建模

曲线与
曲面

装配体
设计

工程图
绘制

传动体
设计

锅，首先利用拉伸曲面拉伸锅身，再利用放样曲面命令绘制把手，最后镜像另侧把手，完成实体模型绘制。

绘制步骤

（1）单击"标准"工具栏中的"新建"按钮，此时系统弹出"新建 SoildWorks 文件"属性管理器，在其中单击"零件"按钮，然后单击"确定"按钮，创建一个新的零件文件。

（2）在左侧"FeatureManager 设计树"中用鼠标选择"前视基准面"，然后单击"前导"工具栏中的"正视于"按钮，将该基准面作为绘制图形的基准面，单击"草图"工具栏中的"草图绘制"按钮，进入草图绘制界面。

（3）单击"草图"工具栏中的"圆"按钮和"智能尺寸"按钮，绘制如图 6-101 所示的草图并标注尺寸。

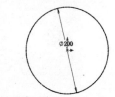

图 6-101　绘制草图 1

（4）单击"曲面"工具栏中的"拉伸曲面"按钮，此时系统弹出如图 6-102 所示的"曲面-拉伸"属性管理器，在"终止条件"一栏中，选择"给定深度"，在"深度"一栏中输入"50"，勾选"封底"复选框，单击"确定"按钮，完成曲面拉伸，结果如图 6-103 所示。

图 6-102　"曲面-拉伸"属性管理器　　图 6-103　拉伸曲面后的图形

（5）在左侧的"FeatureManager 设计树"中选择"上视基准面"，单击"参考几何体"工具栏中的"基准面"按钮，此时系统弹出如图 6-104 所示的"基准面"属性管理器。

（6）在属性管理器中的"等距距离"一栏中输入"105"，并调整添加基准面的方向，然后单击"确定"按钮，添加一个新的基准面。结果如图 6-104 所示。

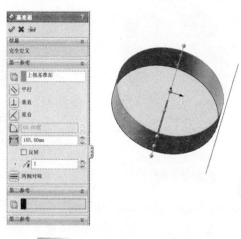

图 6-104 "基准面"属性管理器

（7）在左侧"FeatureManager 设计树"中用鼠标选择上步绘制的参考基准面，然后单击"前导"工具栏中的"正视于"按钮，将该基准面作为绘制图形的基准面，单击"草图"工具栏中的"草图绘制"按钮，进入草图绘制界面。

（8）单击"草图"工具栏中的"圆"按钮和"智能尺寸"按钮，绘制如图 6-105 所示的草图并标注尺寸。

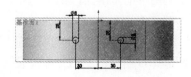

图 6-105 绘制草图 2

第 6 章 ● 曲线与曲面 ○ **259**

入门

草图
绘制

参考几
何体

草绘特
征建模

放置特
征建模

曲线与
曲面

装配体
设计

工程图
绘制

传动体
设计

（9）单击"曲面"工具栏中的"拉伸曲面"按钮，此时系统弹出如图6-106所示的"曲面-拉伸"属性管理器，在"终止条件"一栏中，选择"成形到一面"，在"平面"列表框中选择上步绘制的拉伸环形曲面，单击"确定"按钮，完成曲面拉伸，结果如图6-107所示。

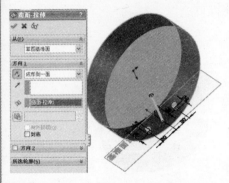

图6-106 "曲面-拉伸"属性管理器　图6-107 拉伸曲面后的图形

（10）在左侧"FeatureManager设计树"中用鼠标选择参考基准面1，然后单击"前导"工具栏中的"正视于"按钮，将该基准面作为绘制图形的基准面，单击"草图"工具栏中的"草图绘制"按钮，进入草图绘制界面。

（11）单击"草图"工具栏中的"圆"按钮和"智能尺寸"按钮，绘制如图6-108所示的草图并标注尺寸，单击"退出草绘"按钮。

（12）在左侧"FeatureManager设计树"中用鼠标选择参考基准面1，然后单击"标准视图"工具栏中的"正视于"按钮，将该基准面作为绘制图形的基准面，单击"草图"工具栏中的"草图绘制"按钮，进入草图绘制界面。

（13）单击"草图"工具栏中的"圆"按钮和"智能尺寸"按钮，绘制如图6-109所示的草图并标注尺寸，单击"退出草绘"按钮。

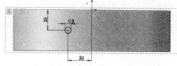

图 6-108 绘制草图 3　　　图 6-109 绘制草图 4

入门

草图
绘制

参考几
何体

草绘特
征建模

放置特
征建模

曲线与
曲面

装配体
设计

工程图
绘制

传动体
设计

（14）在左侧"FeatureManager 设计树"中用鼠标选择"右视基准面"，然后单击"前导"工具栏中的"正视于"按钮 ↓，将该基准面作为绘制图形的基准面，单击"草图"工具栏中的"草图绘制"按钮 ，进入草图绘制界面。

（15）单击"草图"工具栏中的"圆"按钮 ⊙ 和"智能尺寸"按钮 ，绘制如图 6-110 所示的草图并标注尺寸，单击"退出草绘"按钮 。

（16）单击"曲面"工具栏中的"放样曲面"按钮 ，此时系统弹出如图 6-111 所示的"曲面-放样"属性管理器，在"轮廓"选项组中"轮廓"一栏中，选择上几步绘制的草图，单击属性管理器中的"确定"按钮 ，完成曲面扫描，结果如图 6-112 所示。

图 6-110 绘制草图 5　　图 6-111 "曲面-放样"属性管理器

（17）单击"特征"工具栏中的"镜像"按钮 ，弹出"镜像"属性管理器，在"镜像面/基准面"列表栏 中选择"上视基

第 6 章 ● 曲线与曲面 ○ 261

入门

草图
绘制

参考几
何体

草绘特
征建模

放置特
征建模

曲线与
曲面

装配体
设计

工程图
绘制

传动体
设计

准面"，在"要镜像的实体"选项组中选择要镜像的曲面，如图 6-113 所示。单击属性管理器中的"确定" 按钮，完成曲面扫描，结果如图 6-114 所示。

图 6-112 曲面放样结果　　　图 6-113 "镜像"属性管理器

（18）单击"特征"工具栏中的"圆角"按钮，弹出"圆角"属性管理器，选择圆角边，如图 6-115 所示。设置圆角半径为"10"，单击属性管理器中的"确定" 按钮，完成圆角操作，结果如图 6-100 所示。

图 6-114 镜像结果　　　　　图 6-115 "圆角"属性管理器

6.2.11 等距曲面

对于已经存在的曲面（不论是模型的轮廓面还是生成的曲面），都可以像等距曲线一样生成等距曲面。

◆ 执行方式：

"曲面"→等距曲面"按钮⬜或"插入"菜单→"曲面"→"等距曲面"命令。

执行上述命令，打开"等距曲面"属性管理器。

◆ 选项说明：

（1）在"等距曲面"属性管理器中，单击按钮🖉右侧的显示框，然后在右面的图形区域选择要等距的模型面或生成的曲面。

（2）在"等距参数"栏中的微调框中指定等距面之间的距离。此时在右面的图形区域中显示等距曲面的效果，如图 6-116 所示。

（3）如果等距面的方向有误，单击"反向"按钮⬚，反转等距方向。

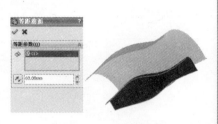

图 6-116   等距曲面效果

6.2.12 延展曲面

用户可以通过延展分割线、边线，并平行于所选基准面来生成曲面，如图 6-117 所示。延伸曲面在拆模时最常用。当零件进行模塑、产生公母模之前，必须先生成模块与分型面，延展曲面就用来生成分型面的。

◆ 执行方式：

"曲面"→"延展曲面"按钮⬚或"插入"菜单→"曲面"→"延展曲面"命令。

执行上述命令，打开"延展曲面"属性管理器。

◆ 选项说明：

（1）单击按钮⬚右侧的显示框，然后在右面的图形区域中选

入门

草图
绘制

参考几
何体

草绘特
征建模

放置特
征建模

曲线与
曲面

装配体
设计

工程图
绘制

传动体
设计

择要延展的边线。

（2）单击"延展参数"栏中的第一个显示框，然后在图形区域中选择模型面作为与延展曲面方向，如图 6-118 所示。延展方向将平行于模型面。

（3）注意图形区域中的箭头方向（指示延展方向），如有错误，单击"反向"按钮。

（4）在按钮右侧的微调框中指定曲面的宽度。

（5）如果希望曲面继续沿零件的切面延伸，请选择"沿切面延伸"复选框。

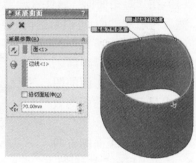

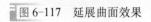
图 6-117　延展曲面效果　　　　图 6-118　延展曲面

6.3　编辑曲面

6.3.1　缝合曲面

缝合曲面是将相连的两个或多个面和曲面连接成一体。

◆　执行方式：

"曲面"→"延伸曲面"按钮或"插入"→"曲面"→"缝合曲面"命令。

执行上述命令，打开"缝合曲面"属性管理器，如图 6-119所示。在"缝合曲面"属性管理器中单击"选择"栏中按钮右侧的显示框，然后在图形区域中选择要缝合的面，所选项目列举在该显示框中。单击"确定"按钮 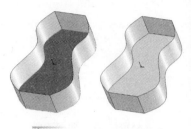 ，完成曲面的缝合工作，缝合后的曲面外观没有任何变化，但是多个曲面已经可以作为一个实体来选择和操作了，如图 6-120 所示。

图 6-119 "缝合曲面"属性管理器   图 6-120 曲面缝合工作

◆ 选项说明：

（1）"缝合公差"：控制哪些缝隙缝合在一起，哪些保持打开。大小低于公差的缝隙会缝合。

（2）"显示范围中的公差"：只显示范围中的缝隙。拖动滑杆更改缝隙范围。

技巧荟萃

（1）曲面的边线必须相邻并且不重叠。

（2）要缝合的曲面不必处于同一基准面上。

（3）可以选择整个曲面实体或选择一个或多个相邻曲面实体。

（4）缝合曲面不吸收用于生成它们的曲面。

（5）空间曲面经过剪裁、拉伸和圆角等操作后，可以自动缝合，而不需要进行缝合曲面操作。

6.3.2 延伸曲面

延伸曲面是指将现有曲面的边缘，沿着切线方向，以直线或

入门

草图绘制

参考几何体

草绘特征建模

放置特征建模

曲线与曲面

装配体设计

工程图绘制

传动体设计

入门

草图
绘制

参考几
何体

草绘特
征建模

放置特
征建模

曲线与
曲面

装配体
设计

工程图
绘制

传动体
设计

者随曲面的弧度方向产生附加的延伸曲面。

延伸曲面的延伸类型有两种方式：一种是同一曲面类型，是指沿曲面的几何体延伸曲面；另一种是线性类型，是指沿边线相切于原有曲面来延伸曲面。如图 6-121 所示是使用同一曲面类型生成的延伸曲面，如图 6-122 所示是使用线性类型生成的延伸曲面。

图 6-121　同一曲面类型
生成的延伸曲面

图 6-122　线性类型
生成的延伸曲面

◆　执行方式：

"曲面"→"延伸曲面"按钮。

执行上述命令后，打开"延伸曲面"属性管理器，如图 6-123 所示。

图 6-123　"延伸曲面"属性管理器

◆　选项说明：

（1）单击"所选面/边线"列表框，选择如图 6-124 所示的边线 1；点选"距离"单选按钮，在"距离"文本框中输入"60"；在"延伸类型"选项中，点选"同一曲面"单选按钮，如图 6-123 所示。

（2）单击"确定"按钮，生成的延伸曲面如图 6-125 所示。

在"曲面-延伸"属性管理器的"终止条件"选项中，各单选钮的意义如下。

●"距离"：按照在"距离"文本框中指定的数值延伸曲面。

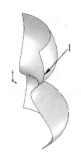

图 6-124　实体模型　　　　图 6-125　延伸曲面

- ●"成形到某一面"：将曲面延伸到"曲面/面"列表框 📖 中选择的曲面或者面。
- ●"成形到某一点"：将曲面延伸到"顶点"列表框 🔲 中选择的顶点或者点。

6.3.3　实例——塑料盒盖

本实例绘制的塑料盒盖如图 6-126 所示，该模型由盒盖和盖顶部分组成。绘制该模型的命令主要有拉伸曲面、延展曲面和圆角曲面等。

图 6-126　塑料盒盖

🖥 绘制步骤

（1）单击"标准"工具栏中的"新建"按钮 🔲，在弹出的"新建 SolidWorks 文件"对话框中选择"零件"按钮 🗐，然后单击"确定"按钮，创建一个新的零件文件。

（2）在左侧"FeatureManager 设计树"中用鼠标选择"前视基准面"，然后单击"视图"工具栏中的"正视于"按钮 🔱，将该基准面作为绘制图形的基准面。

（3）单击"草图"工具栏中的"草图绘制"按钮 🗒，进入草图绘制界面。单击"草图"工具栏中的"中心矩形"按钮 🔳、"三

入门

草图绘制

参考几何体

草绘特征建模

放置特征建模

曲线与曲面

装配体设计

工程图绘制

传动体设计

点圆弧"按钮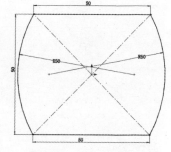和"智能尺寸"按钮，绘制并标注图形，如图 6-127 所示。

（4）单击"曲面"工具栏中的"拉伸曲面"按钮，此时系统弹出如图 6-128 所示的"曲面-拉伸"属性管理器，在"终止条件"一栏中，选择"给定深度"，在"深度"一栏中输入"10"，勾选"封底"复选框，单击"确定"按钮，完成曲面拉伸，结果如图 6-129 所示。

图 6-127　绘制草图

（5）单击"特征"工具栏中的"圆角"按钮，弹出"圆角"属性管理器，选择圆角边，如图 6-130 所示。设置"圆角半径"为"11"，单击"确定"按钮，完成圆角操作，结果如图 6-131 所示。

图 6-128　"曲面-拉伸"属性管理器

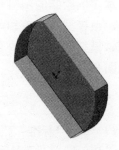

图 6-129　拉伸曲面

（6）在左侧"FeatureManager 设计树"中用鼠标选择"上视基准面"，然后单击"前导"工具栏中的"正视于"按钮，将该基准面作为绘制图形的基准面，单击"草图"工具栏中的"草图绘制"按钮，进入草图绘制界面。

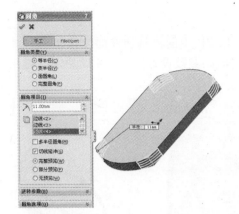

图 6-130 "圆角"属性管理器

图 6-131 倒圆角结果

（7）单击"草图"工具栏中的"中心线"按钮 ┊ 和"直线"按钮 ＼，绘制如图 6-132 所示的草图并标注尺寸。

（8）单击"曲面"工具栏中的"旋转曲面"按钮 ，此时系统弹出如图 6-133 所示的"曲面-旋转"

图 6-132 绘制草图

属性管理器，在"旋转轴"选项组中选择草图中的中心线为旋转轴，输入"旋转角度"为"270"，单击"确定"按钮 ，完成曲面旋转，结果如图 6-134 所示。

图 6-133 "曲面-旋转"属性管理器

图 6-134 旋转曲面后的图形

（9）单击"曲面"工具栏中的"延伸曲面"按钮 ，弹出"延伸曲面"属性管理器，参数设置如图 6-135 所示，结果如图 6-136

第 6 章 ● 曲线与曲面 ○ **269**

入门

草图绘制

参考几何体

草绘特征建模

放置特征建模

曲线与曲面

装配体设计

工程图绘制

传动体设计

入门

草图
绘制

参考几
何体

草绘特
征建模

放置特
征建模

曲线与
曲面

装配体
设计

工程图
绘制

传动体
设计

所示。

（10）单击"曲面"工具栏中的"延伸曲面"按钮，弹出"延伸曲面"属性管理器，参数设置如图 6-137 所示，结果如图 6-126 所示。

图 6-135 "延伸曲面"属性管理器 1

图 6-136 延伸曲面结果

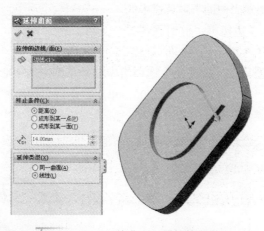

图 6-137 "延伸曲面"属性管理器 2

6.3.4 剪裁曲面

剪裁曲面是指使用曲面、基准面或者草图作为剪裁工具来剪裁相交曲面，也可以将曲面和其他曲面联合使用作为相互的剪裁工具。

剪裁曲面有标准和相互两种类型。标准类型是指使用曲面、草图实体、曲线、基准面等来剪裁曲面；相互类型是指曲面本身来剪裁多个曲面。

◆ 执行方式：

"曲面"→"剪裁曲面"按钮 。

执行上述命令，打开"剪裁曲面"属性管理器。

◆ 选项说明：

（1）在"剪裁类型"选项组中，点选"标准"单选按钮；单击"剪裁工具"列表框，选择如图 6-138 所示的曲面 1；点选"保留选择"单选按钮，并在"保留的部分"列表框 中单击选择如图 6-138 所示的曲面 2 所标注处，其他设置如图 6-139 所示。

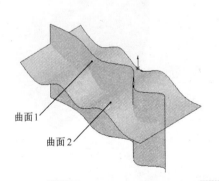

图 6-138 实体模型   图 6-139 "剪裁曲面"属性管理器 1

（2）单击"确定"按钮 ，生成剪裁曲面。保留选择的剪裁图形如图 6-140 所示。

（3）如果在"剪裁曲面"属性管理器中点选"移除选择"单选按钮，并在"要移除的部分"列表框 中，单击选择如图 6-138 所示的曲面 2 所标注处，则会移除曲面 1 前面的曲面 2 部分，移

入门

草图绘制

参考几何体

草绘特征建模

放置特征建模

曲线与曲面

装配体设计

工程图绘制

传动体设计

第 6 章 ● 曲线与曲面 ○ **271**

除选择的剪裁图形如图 6-141 所示。

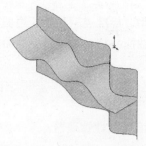

图 6-140　保留选择的剪裁图形 1　　图 6-141　移除选择的剪裁图形 1

6.3.5　实例——塑料盒身

本实例绘制的塑料盒身如图 6-142 所示。首先利用拉伸曲面拉伸盒身、延伸边沿平面，再利用剪裁曲面修剪边沿，最后利用圆角命令修饰模型。

绘制步骤

（1）单击"标准"工具栏中的"新建"按钮 ，在弹出的"新建 SolidWorks 文件"对话框中单击"零件"按钮 ，然后单击"确定"按钮，创建一个新的零件文件。

图 6-142　塑料盒身

（2）在左侧"FeatureManager 设计树"中用鼠标选择"前视基准面"，然后单击"前导"工具栏中的"正视于"按钮 ，将该基准面作为绘制图形的基准面。

（3）单击"草图"工具栏中的"草图绘制"按钮 ，进入草图绘制界面。单击"草图"工具栏中的"中心矩形"按钮 、"三点圆弧"按钮 和"智能尺寸"按钮 ，绘制并标注图形，如图 6-143 所示。

（4）单击"曲面"工具栏中的"拉伸曲面"按钮，此时系统弹出如图 6-144 所示的"曲面-拉伸"属性管理器，在"终止条件"一栏中，选择"给定深度"，在"深度"一栏中输入"5"，勾选"封底"复选框，单击"确定"按钮，完成曲面拉伸，结果如图 6-145 所示。

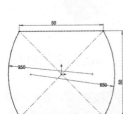

图 6-143　绘制草图

图 6-144　"曲面-拉伸"属性管理器

（5）在左侧"FeatureManager 设计树"中用鼠标选择"前视基准面"，然后单击"标准视图"工具栏中的"正视于"按钮，将该基准面作为绘制图形的基准面，单击"草图"工具栏中的"草图绘制"按钮，进入草图绘制界面。

（6）单击"草图"工具栏中的"直线"按钮，绘制如图 6-146 所示的草图并标注尺寸。

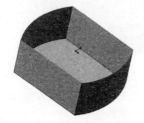

图 6-145　拉伸曲面后的图形

图 6-146　绘制草图

第 6 章 ● 曲线与曲面 ○**273**

（7）单击"曲面"工具栏中的"拉伸曲面"按钮，此时系统弹出如图 6-147 所示的"曲面-拉伸"属性管理器，在"终止条件"一栏中选择"两侧对称"，在"深度"一栏中输入"100"，单击"确定"按钮，完成曲面拉伸，结果如图 6-148 所示。

图 6-147　"曲面-拉伸"属性管理器　　图 6-148　拉伸曲面后的图形

（8）单击"曲面"工具栏中的"剪裁曲面"按钮，弹出"剪裁曲面"属性管理器，在"剪裁类型"选项组中单击"标准"单选按钮，在"选择"选项组中"剪裁工具"选项下基准面，单击"保留选择"单选按钮，在选项组中选择保留曲面，如图 6-149 所示，单击"确定"按钮，完成曲面剪裁，结果如图 6-150 所示。

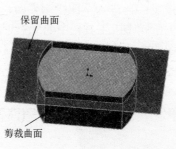

保留曲面

剪裁曲面

图 6-149　"剪裁曲面"属性管理器

（9）在左侧"FeatureManager设计树"中用鼠标选择图6-150中的面1，然后单击"标准视图"工具栏中的"正视于"按钮，将该基准面作为绘制图形的基准面，单击"草图"工具栏中的"草图绘制"按钮，进入草图绘制界面。

（10）单击"草图"工具栏中的"圆"按钮，绘制如图6-151所示的草图并标注尺寸。

入门

草图绘制

参考几何体

草绘特征建模

放置特征建模

曲线与曲面

装配体设计

工程图绘制

传动体设计

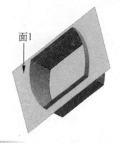

面1

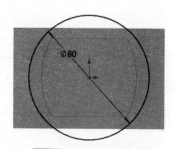

∅80

图 6-150　曲面裁剪结果　　　　图 6-151　绘制草图

（11）单击"曲面"工具栏中的"剪裁曲面"按钮，弹出"剪裁曲面"属性管理器，在"剪裁类型"选项组中单击"标准"单选按钮，在"选择"选项组中"剪裁工具"选项下基准面，单击"移除选择"单选按钮，在选项组中选择保留曲面，如图6-152所示，单击"确定"按钮，完成曲面剪裁，结果如图6-153所示。

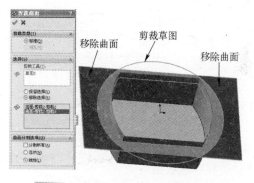

移除曲面　　剪裁草图　　移除曲面

图 6-152　"剪裁曲面"属性管理器

第 6 章 ● 曲线与曲面 ○ 275

入门

草图
绘制

参考几
何体

草绘特
征建模

放置特
征建模

曲线与
曲面

装配体
设计

工程图
绘制

传动体
设计

（12）单击"特征"工具栏中的"圆角"按钮，弹出"圆角"属性管理器，选择圆角边，如图 6-154 所示。设置"圆角半径"为"10"，单击"确定"按钮，完成圆角操作，结果如图 6-142 所示。

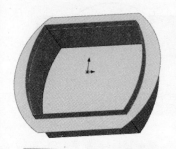

图 6-153 剪裁曲面结果

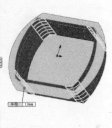

图 6-154 "圆角"属性管理器

6.3.6 填充曲面

填充曲面是指在现有模型边线、草图或者曲线定义的边界内构成带任何边数的曲面修补。

◆ 执行方式：

"曲面"→"填充曲面"按钮或"插入"菜单→"曲面"→"填充曲面"命令。

执行上述命令，打开"填充曲面"属性管理器，如图 6-155 所示。

◆ 选项说明：

1. "修补边界"选项组

（1）"修补边界"：选择要修补边界的边线。

图 6-155 "填充曲面"属性管理

（2）"交替面"按钮：可为修补的曲率控制反转边界面。只在实体模型上生成修补时使用。

（3）"曲率控制"：定义在所生成的修补上进行控制的类型。

➤ "相触"：在所选边界内生成曲面。

➤ "相切"：在所选边界内生成曲面，但保持修补边线的相切。

➤ "曲率"：在与相邻曲面交界的边界边线上生成与所选曲面的曲率相配套的曲面。

（4）"应用到所有边线"：勾选此复选框，将相同的曲率控制应用到所有边线。如果在将接触以及相切应用到不同边线后选择此选项，将应用当前选择到所有边线。

（5）"优化曲面"：优化曲面与放样的曲面相类似的简化曲面修补。优化的曲面修补的潜在优势包括重建时间加快以及当与模型中的其他特征一起使用时的增强稳定性。

（6）"预览网格"：在修补上显示网格线以帮助直观地查看曲率。

2．"选项"选项组

（1）"修复边界"：通过自动建造遗失部分或裁剪过大部分来构造有效边界。

（2）"合并结果"：当所有边界都属于同一实体时，可以使用曲面填充来修补实体。如果至少有一个边线是开环薄边，勾选"合并结果"复选框，那么曲面填充会用边线所属的曲面缝合。如果所有边界实体都是开环边线，那么可以选择生成实体。

（3）"尝试形成实体"：如果所有边界实体都是开环曲面边线，那么形成实体是有可能的。默认情况下，不勾选"尝试形成实体"复选框。

（4）"反向"：当用填充曲面修补实体时，如果填充曲面显示的方向不符合需要，勾选"反向"复选框更改方向。

🐵 技巧荟萃

使用边线进行曲面填充时，所选择的边线必须是封闭的曲线。

入门

草图
绘制

参考几
何体

草绘特
征建模

放置特
征建模

曲线与
曲面

装配体
设计

工程图
绘制

传动体
设计

入门

草图
绘制

参考几
何体

草绘特
征建模

放置特
征建模

曲线与
曲面

装配体
设计

工程图
绘制

传动体
设计

如果勾选属性管理器中的"合并结果"复选框，则填充的曲面将和边线的曲面组成一个实体，否则填充的曲面为一个独立的曲面。

6.3.7 其他曲面编辑功能

除了上面讲述的曲面绘制和编辑功能外，还有几个曲面编辑功能：移动/旋转/复制（"插入"菜单→"曲面"→"移动/复制"命令）、删除曲面（"曲面"→"删除面"按钮 或"插入"菜单→"曲面"→"删除面"命令）以及曲面切除（"插入"菜单→"切除"→"使用曲面"命令）等功能，其基本使用方法与前面所讲曲面绘制和编辑功能类似，此处不再赘述。

第 7 章

装配体设计

要实现对零部件进行装配，必须首先创建一个装配体文件。
本节将介绍创建装配体的基本操作，包括新建装配体文件、插入
装配零件与删除装配零件。

7.1 装配体基本操作

装配体制作界面与零件的制作界面基本相同，特征管理器
中出现一个配合组，在装配体制作界面中出现如图 7-1 所示的
"装配体"工具栏，对"装配体"工具栏的操作同前边介绍的工
具栏操作相同。

图 7-1 "装配体"工具栏

7.1.1 创建装配体文件

◆ 执行方式：

"新建"→"装配体"按钮。

◆ 选项说明：

（1）单击"标准"工具栏中的"新建"按钮，弹出"新建
SolidWorks 文件"对话框，如图 7-2 所示。

入门

草图
绘制

参考几
何体

草绘特
征建模

放置特
征建模

曲线与
曲面

装配体
设计

工程图
绘制

传动体
设计

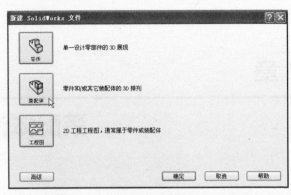

图 7-2 "新建 Solidworks 文件"对话框

（2）在对话框中选择"装配体"按钮，进入装配体制作界面，如图 7-3 所示。

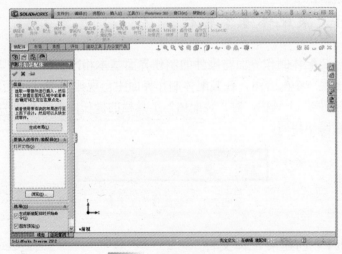

图 7-3 装配体制作界面

（3）在"开始装配体"属性管理器中，单击"要插入的零件/装配体"选项组中的"浏览"按钮，弹出"打开"对话框。

（4）选择一个零件作为装配体的基准零件，单击"打开"按钮，然后在图形区合适位置单击以放置零件。然后调整视图为"等轴测"，即可得到导入零件后的界面，如图 7-4 所示。

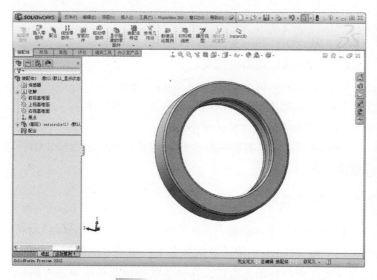

图 7-4 导入零件后的界面

（5）将一个零部件（单个零件或子装配体）放入装配体中时，这个零部件文件会与装配体文件链接。此时零部件出现在装配体中，零部件的数据还保存在原零部件文件中。

技巧荟萃

对零部件文件所进行的任何改变都会更新装配体。保存装配体时文件的扩展名为"*.sldasm"，其文件名前的图标也与零件图不同。

7.1.2 插入装配零件

◆ 执行方式：

"装配体"→"插入零部件"按钮。

◆ 选项说明：

制作装配体需要按照装配的过程，依次插入相关零件，有多种方法可以将零部件添加到一个新的或现有的装配体中。

（1）使用"插入零部件"属性管理器。

入门

草图
绘制

参考几
何体

草绘特
征建模

放置特
征建模

曲线与
曲面

装配体
设计

工程图
绘制

传动体
设计

入门

草图
绘制

参考几
何体

草绘特
征建模

放置特
征建模

曲线与
曲面

装配体
设计

工程图
绘制

传动体
设计

（2）从任何窗格中的文件探索器拖曳。

（3）从一个打开的文件窗口中拖曳。

（4）从资源管理器中拖曳。

（5）从 Internet Explorer 中拖曳超文本链接。

（6）在装配体中拖动以增加现有零部件的实例。

（7）从任何窗格的设计库中拖动。

（8）使用插入、智能扣件来添加螺栓、螺钉、螺母、销钉以及垫圈。

7.1.3 删除装配零件

删除装配零件方法如下。

（1）按〈Delete〉键，或选择菜单栏中的"编辑"→"删除"命令，或在空白处单击右键，在弹出的快捷菜单中单击"删除"命令，此时会弹出如图 7-5 所示的"确认删除"对话框。

（2）单击"是"按钮以确认删除，此零部件及其所有相关项目（配合、零部件阵列、爆炸步骤等）都会被删除。

技巧荟萃

（1）第一个插入的零件在装配图中，默认的状态是固定的，即不能移动和旋转，在"FeatureManager 设计树"中显示为"固定"。如果不是第一个零件，则是浮动的，在"FeatureManager 设计树"中显示为（-），固定和浮动显示如图 7-6 所示。

图 7-5 "确认删除"对话框

图 7-6 固定和浮动显示

（2）系统默认第一个插入的零件是固定的，也可以将其设置为浮动状态，右击"FeatureManager 设计树"中固定的文件，在弹出的快捷菜单中选择"浮动"命令。反之，也可以将其设置为固定状态。

7.1.4 实例——插入塑料盒零件

塑料盒装配如图 7-7 所示。在装配图中依次插入零件"塑料盒身"、"塑料盒盖"，在本节中将详细讲解绘制过程。

 图 7-7 塑料盒

绘制步骤

1．新建文件

（1）单击"标准"工具栏中的"新建"按钮，弹出"新建 SolidWorks 文件"对话框。

（2）在对话框中选择"装配体"按钮，进入装配体制作界面。

2．导入文件

（1）在"开始装配体"属性管理器中单击"浏览"按钮，在打开的对话框中找到"塑料盒身.sldprt"文件，单击"打开"按钮导入文件，如图 7-8 所示，单击"确定"按钮，完成零件放置。

（2）单击"装配体"工具栏中的"插入零部件"选项，在打开的对话框中找到"塑料盒盖.sldprt"文件，单击"打开"按钮导入文件，如图 7-9 所示，单击"确定"按钮，完成零件放置，完成后如图 7-10 所示。

图 7-8 盒身

图 7-9 盒盖

入门

草图绘制

参考几何体

草绘特征建模

放置特征建模

曲线与曲面

装配体设计

工程图绘制

传动体设计

入门

草图
绘制

参考几
何体

草绘特
征建模

放置特
征建模

曲线与
曲面

装配体
设计

工程图
绘制

传动体
设计

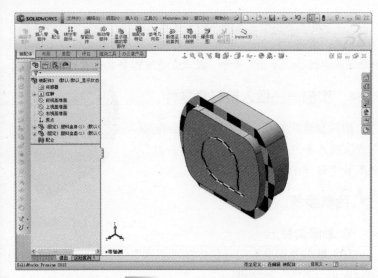

图 7-10   导入完成的模型

3. 保存装配体

单击"标准"工具栏中的"保存"按钮 ，弹出"另存为"
对话框，在"文件名"列表框中输入装配体名称"塑料盒零
件.sldasm"，单击"确定"按钮，退出对
话框，保存文件。

7.2   定位零部件

在零部件放入装配体中后，用户可
以移动、旋转零部件或固定它的位置，
用这些方法可以大致确定零部件的位
置，然后再使用配合关系来精确地定位
零部件。

选择需要编辑的零件，单击右键弹
出如图 7-11 所示的快捷菜单，其中显示
了常用零部件定位命令。

图 7-11   快捷菜单

7.2.1　固定零部件

◆ 执行方式：

在快捷菜单中选择"固定"命令。

◆ 选项说明：

（1）如果要解除固定关系，只要在"FeatureManager 设计树"或图形区中，右击要固定的零部件，只要在快捷菜单中选择"浮动"命令即可。

（2）当一个零部件被固定之后，在"FeatureManager 设计树"中，该零部件名称的左侧出现文字"固定"，表明该零部件已被固定，它就不能相对于装配体原点移动了。

（3）默认情况下，装配体中的第一个零件是固定的。如果装配体中至少有一个零部件被固定下来，它就可以为其余零部件提供参考，防止其他零部件在添加配合关系时意外移动。

7.2.2　移动零部件

在"FeatureManager 设计树"中，只要前面有"(-)"符号的，该零件即可被移动。

◆ 执行方式：

"装配体"→"移动零部件"按钮 。

执行上述命令，打开"移动零部件"属性管理器，如图 7-12 所示。

◆ 选项说明：

（1）选择需要移动的类型，然后拖曳到需要的位置。

（2）单击"确定"按钮 ，或者按〈Esc〉键，取消命令操作。

（3）在"移动零部件"属性管理器中，移动零部件的类型有"自由拖动"、"沿装配体 XYZ"、"沿实体"、"由三角 XYZ"和到"XYZ 位置"5 种，如图 7-13 所示，下面分别介绍。

● "自由拖动"：系统默认选项，可以在视图中把选中的文件拖曳到任意位置。

入门

草图
绘制

参考几
何体

草绘特
征建模

放置特
征建模

曲线与
曲面

装配体
设计

工程图
绘制

传动体
设计

入门

草图
绘制

参考几
何体

草绘特
征建模

放置特
征建模

曲线与
曲面

装配体
设计

工程图
绘制

传动体
设计

图 7-12 "移动零部件"属性管理器　　图 7-13 移动零部件的类型

- "沿装配体 XYZ":选择零部件并沿装配体的 X、Y 或 Z 方
  向拖动。视图中显示的装配体坐标系可以确定移动的方
  向,在移动前要在欲移动方向的轴附近单击。

- "沿实体":首先选择实体,然后选择零部件并沿该实体拖
  曳。如果选择的实体是一条直线、边线或轴,所移动的零
  部件具有一个自由度。如果选择的实体是一个基准面或平
  面,所移动的零部件具有两个自由度。

- "由 Delta XYZ":在属性管理器中输入移动三角 XYZ 的
  范围,如图 7-14 所示,然后单击"应用"按钮,零部件
  按照指定的数值移动。

- "到 XYZ 位置":选择零部件的一点,在属性管理中输入
  X、Y 或 Z 坐标,如图 7-15 所示,然后单击"应用"按
  钮,所选零部件的点移动到指定的坐标位置。如果选择
  的项目不是顶点或点,则零部件的原点会移动到指定的
  坐标处。

图 7-14 "由 Delta XYZ"设置　　图 7-15 "到 XYZ 位置"设置

7.2.3 旋转零部件

在"FeatureManager 设计树"中，只要前面有"(-)"符号，该零件即可被旋转。

◆ 执行方式：

"装配体"→"旋转零部件"按钮 。

执行上述命令，打开"旋转零部件"属性管理器，如图 7-16 所示。

◆ 选项说明：

（1）选择需要旋转的类型，然后根据需要确定零部件的旋转角度。

（2）单击"确定"按钮 ，或者按〈Esc〉键，取消命令操作。

（3）在"旋转零部件"属性管理器中，移动零部件的类型有 3 种，即"自由拖动"、"对于实体"和"由 Delta XYZ"，如图 7-17 所示。

● "自由拖动"：选择零部件并沿任何方向旋转拖动。

● "对于实体"：选择一条直线、边线或轴，然后围绕所选实体旋转零部件。

● "由 Delta XYZ"：在属性管理器中输入旋转 Dalta XYZ 的范围，然后单击"应用"按钮，零部件按照指定的数值进行旋转。

图 7-16 "旋转零部件"属性管理器　　图 7-17 旋转零部件的类型

入门

草图
绘制

参考几
何体

草绘特
征建模

放置特
征建模

曲线与
曲面

装配体
设计

工程图
绘制

传动体
设计

技巧荟萃

（1）不能移动或者旋转一个已经固定或者完全定义的零部件。

（2）只能在配合关系允许的自由度范围内移动和选择该零部件。

7.2.4　添加配合关系

当在装配体中建立配合关系后，配合关系会在"FeatureManager 设计树"中以图标 表示。

使用配合关系，可相对于其他零部件来精确地定位零部件，还可定义零部件如何相对于其他零部件移动和旋转。只有添加了完整的配合关系，才算完成了装配体模型。

◆ 执行方式：

"装配体"→"配合"按钮 。

执行上述命令，打开"配合"属性管理器，如图 7-18 所示。

◆ 选项说明：

（1）在图形区中的零部件上选择要配合的实体，所选实体会显示在"要配合实体"列表框 中。

（2）选择所需的对齐条件。

● "同向对齐" ：以所选面的法向或轴向的相同方向来放置零部件。

● "反向对齐" ：以所选面的法向或轴向的相反方向来放置零部件。

图 7-18　"配合"属性管理

（3）系统会根据所选的实体，列出有效的配合类型。单击对应的配合类型按钮，选择配合类型。

● "重合" ：面与面、面与直线（轴）、直线与直线（轴）、点与面、点与直线之间重合。

● "平行" ：面与面、面与直线（轴）、直线与直线（轴）、曲线与曲线之间平行。

● "垂直" ⊥ ：面与面、直线（轴）与面之间垂直。

● "同轴心" ◎ ：圆柱与圆柱、圆柱与圆锥、圆形与圆弧边线之间具有相同的轴。

（4）图形区中的零部件将根据指定的配合关系移动，如果配合不正确，单击"撤销"按钮 ，然后根据需要修改选项。

（5）单击"确定"按钮 ，应用配合。

7.2.5　删除配合关系

如果装配体中的某个配合关系有错误，用户可以随时将其从装配体中删除掉。

◆ 执行方式：

选择快捷菜单（见图 7-19）中的"删除"命令。

◆ 选项说明：

（1）在"FeatureManager 设计树"中，右击想要删除的配合关系。

（2）在弹出的快捷菜单图 7-19 中单击"删除"命令，或按〈Delete〉键。

（3）弹出"确认删除"对话框，如图 7-20 所示单击"是"按钮，以确认删除。

图 7-19　快捷菜单图

图 7-20　"确认删除"对话框

第 7 章 ● 装配体设计 ○ **289**

入门

草图绘制

参考几何体

草绘特征建模

放置特征建模

曲线与曲面

装配体设计

工程图绘制

传动体设计

7.2.6 修改配合关系

用户可以像重新定义特征一样,对已经存在的配合关系进行修改。

◆ 执行方式:

选择快捷菜单中的"编辑特征"按钮 。

◆ 选项说明:

(1)在"FeatureManager 设计树"中,右击要修改的配合关系。

(2)在弹出的快捷菜单中单击"编辑定义"按钮 。

(3)在弹出的属性管理器中改变所需选项。

(4)如果要替换配合实体,在"要配合实体"列表框 中删除原来实体后,重新选择实体。

(5)单击"确定"按钮 ,完成配合关系的重新定义。

7.2.7 实例——轴承装配

轴承装配模型如图 7-21 所示。

图 7-21 轴承装配

绘制步骤

(1)单击"标准"工具栏中的"新建"按钮 ,在弹出的"新建 SolidWorks 文件"对话框中,单击"装配体"按钮 。单击"确定"按钮,进入新建的装配体编辑模式下。

(2)单击"装配体"工具栏中的"插入零部件"按钮 。在"插入零部件"属性管理器中单击"浏览"按钮。在出现的"打开"对话框中浏览到"轴承 6315.sldprt"所在的文件夹,选择该文件,单击"打开"按钮。

(3)此时被打开的文件"轴承 6315.sldprt"出现在图形区域中,鼠标指针变为 形状。当利用鼠标拖曳零部件到原点时候,指针变为 形状时释放鼠标。从而将零件"轴承 315.sldprt"的原点与新装配体原点重合,并将其固定。此时的模型如图 7-22 所示,从中可以看到"轴承 6315"被固定。

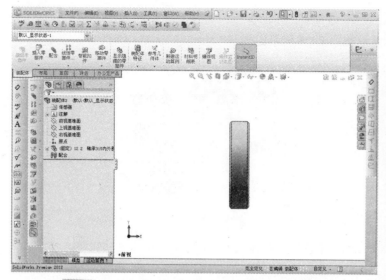

入门

草图
绘制

参考几
何体

草绘特
征建模

放置特
征建模

曲线与
曲面

装配体
设计

工程图
绘制

传动体
设计

图 7-22 "轴承 6315"被插入到装配体中并被固定

（4）单击"装配体"工具栏中的"插入零部件"按钮 。在"插入零部件"属性管理器中单击"浏览"按钮，并在出现的"打开"对话框中浏览到"保持架.sldprt"所在的文件夹，并将其打开。

（5）当鼠标指针变为 形状时，将零件"保持架.sldprt"插入到装配体中的任意位置。

（6）用同样的办法将子装配体"滚珠装配体.sldasm"插入到装配体中的任意位置。

（7）单击"标准"工具栏中的"保存"按钮 ，将零件文件保存为"轴承 315.sldasm"。最后的效果如图 7-23 所示。

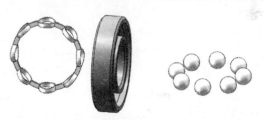

图 7-23 插入零部件后的装配体

第 7 章 ● 装配体设计 ○ 291

入门

草图
绘制

参考几
何体

草绘特
征建模

放置特
征建模

曲线与
曲面

装配体
设计

工程图
绘制

传动体
设计

移动和旋转零部件后，将装配体中的零件调整到合适的位置，如图 7-24 所示。

图 7-24　在装配体中调整零件到合适位置

（8）单击"装配体"工具栏中的"配合"按钮。在图形区域中选择要配合的实体——保持架的中心轴和滚珠装配体的中心轴，所选实体会出现在"配合"属性管理器中图标右侧的显示框中，如图 7-25 所示。在"标准配合"栏目中单击"重合"按钮。单击"确定"按钮，将保持架和滚珠装配体的两个中心线和轴重合。

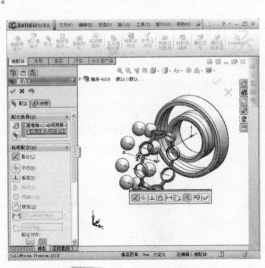

图 7-25　选择配合实体

（9）单击"装配体"工具栏中的"配合"按钮，在模型树中，选择保持架零件的"前视基准面"和滚珠装配体的"上视基准面"。在"标准配合"栏目中，选择"重合"按钮。单击"确定"按钮，将两个零部件的所选基准面赋予重合关系。

（10）单击"装配体"工具栏中的"配合"按钮，在模型树中，选择保持架零件的"右视"和滚珠装配体的"前视"。在"标准配合"栏目中，选择"重合"按钮。单击"确定"按钮，将两个零部件的所选基准面赋予重合关系。

至此，保持架和滚珠装配体的装配就完成了，被赋予配合关系后的装配体如图 7-26 所示。

入门

草图
绘制

参考几
何体

草绘特
征建模

放置特
征建模

曲线与
曲面

装配体
设计

工程图
绘制

传动体
设计

图 7-26　装配好的滚珠装配体和保持架

（11）单击"装配体"工具栏中的"配合"按钮，在模型树中选择保持架零件的"前视基准面"和零件"轴承 315"的"右视基准面"。在"标准配合"栏目中，选择"重合"按钮。单击"确定"按钮，将两个零部件的所选基准面赋予重合关系，如图 7-27 所示。

（12）单击"装配体"工具栏中的"配合"按钮，在图形区域中选择零件"轴承 6315"的中心轴和滚珠装配体的中心轴。在"标准配合"栏目中，选择"重合"按钮。使零件"轴承 6315"和保持架同轴线，如图 7-28 所示。单击"装配体"工具栏中的"旋

第 7 章 ● 装配体设计 ○ **293**

入门

草图
绘制

参考几
何体

草绘特
征建模

放置特
征建模

曲线与
曲面

装配体
设计

工程图
绘制

传动体
设计

转零部件"按钮 ，可以自由地旋转保持架，说明装配体还没有被完全定义。要固定保持架，还需要再定义一个配合关系。

中心轴

中心轴

图 7-27　基准面重合后的效果　　　图 7-28　中心轴同轴后的效果

（13）单击"装配体"工具栏中的"配合"按钮 ，在模型树中，选择保持架零件的"上视基准面"和零件"轴承 6315"的"上视基准面"。在"标准配合"栏中，单击"重合"按钮。单击"确定"按钮 ，将两个零件的所选基准面赋予重合关系，从而完全定义了轴承的装配关系。

（14）单击"标准"工具栏中的"保存"按钮 ，将装配体保存起来。选择菜单中的"视图"→"隐藏所有类型"命令，将所有草图或者参考轴等元素隐藏起来，最后的装配体效果如图 7-21 所示。

7.3　多零件操作

在同一个装配体中可能存在多个相同的零件，在装配时用户可以不必重复插入零件，而是利用复制、阵列或者镜像的方法，快速完成具有规律性的零件的插入和装配。

7.3.1　零件的复制

SolidWorks 可以复制已经在装配体文件中存在的零部件，如图 7-29 所示。

◆ 执行方式：

按住〈Ctrl〉键，拖动零件。

◆ 选项说明：

（1）按住〈Ctrl〉键，在"FeatureManager 设计树"中选择需要复制的零部件，然后将其拖动到视图中合适的位置，复制后的装配体如图 7-30 所示，复制后的"FeatureManager 设计树"如图 7-31 所示。

图 7-29　实体模型

图 7-30　复制后的装配体

（2）添加相应的配合关系，配合后的装配体如图 7-32 所示。

图 7-31　复制后的

"FeatureManager 设计树"

图 7-32　配合后的装配体

7.3.2　零件的阵列

◆ 执行方式：

"特征"→"线性阵列"按钮▦或（"圆周阵列"按钮▦）（"特征阵列"按钮▦）。

◆ 选项说明：

（1）零件的阵列分为线性阵列、圆周阵列和特征阵列。如果装配体中具有相同的零件，并且这些零件按照线性、圆周或者特征的方式排列，可以使用"线性阵列"、"圆周阵列"和"特征阵列"

入门

草图绘制

参考几何体

草绘特征建模

放置特征建模

曲线与曲面

装配体设计

工程图绘制

传动体设计

入门

草图绘制

参考几何体

草绘特征建模

放置特征建模

曲线与曲面

装配体设计

工程图绘制

传动体设计

命令进行操作。

（2）线性阵列可以同时阵列一个或者多个零部件，并且阵列出来的零件不需要再添加配合关系，即可完成配合。

7.3.3 实例——底座装配体

本例采用零件阵列的方法创建底座装配体模型，如图 7-33 所示。

（1）单击"标准"工具栏中的"新建"按钮 □ ，创建一个装配体文件。

（2）单击"装配体"工具栏中的"插入零部件"按钮 ，插入已绘制的名为"底座.sldprt"的文件，并调节视图中零件的方向，底座零件的尺寸如图 7-34 所示。

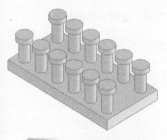

图 7-33 底座装配体

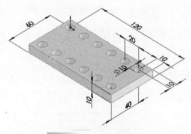

图 7-34 底座零件

（3）单击"装配体"工具栏中的"插入零部件"按钮 ，插入已绘制的名为"圆柱.sldprt"文件，圆柱零件的尺寸如图 7-35 所示。调节视图中各零件的方向，插入零件后的装配体如图 7-36 所示。

（4）单击"装配体"工具栏中的"配合"按钮 ，系统弹出"配合"属性管理器。

（5）将如图 7-36 所示的平面 1 和平面 4 添加为"重合"配合关系，将圆柱面 2 和圆柱面 3 添加为"同轴心"配合关系，注意配合的方向。

（6）单击"确定"按钮 ，配合添加完毕。

（7）单击"标准视图"工具栏中的"等轴测"按钮 ，将视图以等轴测方向显示。配合后的等轴测视图如图 7-37 所示。

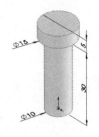

图 7-35　圆柱零件尺寸

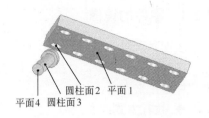

图 7-36　插入零件后的装配体

（8）单击"特征"工具栏中的"线性阵列"按钮▦，系统弹出"线性阵列"属性管理器。

（9）在"要阵列的零部件"选项组中，选择如图 7-37 所示的圆柱；在"方向 1"选项组的"阵列方向"列表框▨中，选择如图 7-37 所示的边线 1，注意设置阵列的方向；在"方向 2"选项组的"阵列方向"列表框▨中，选择如图 7-37 所示的边线 2，注意设置阵列的方向，其他设置如图 7-38 所示。

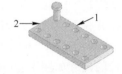

图 7-37　配合后的等轴测视图

（10）单击"确定"按钮✔，完成零件的线性阵列。线性阵列后的图形如图 7-33 所示，此时装配体的"FeatureManager 设计树"如图 7-39 所示。

图 7-38　"线性阵列"属性管理器

图 7-39　FeatureManager 设计树

第 7 章 ● 装配体设计 ○ **297**

入门

草图
绘制

参考几
何体

草绘特
征建模

放置特
征建模

曲线与
曲面

装配体
设计

工程图
绘制

传动体
设计

入门

草图
绘制

参考几
何体

草绘特
征建模

放置特
征建模

曲线与
曲面

装配体
设计

工程图
绘制

传动体
设计

7.3.4 零件的镜像

装配体环境中的镜像操作与零件设计环境中的镜像操作类似。在装配体环境中，有相同且对称的零部件时，可以使用镜像零部件操作来完成。

◆ 执行方式：

"装配体"→"镜像"按钮 。

◆ 选项说明：

（1）单击"标准"工具栏中的"新建"按钮 ，创建一个装配体文件。

（2）在弹出的"开始装配体"属性管理器中，插入已绘制的名为"底座.sldprt"的文件，并调节视图中零件的方向，底座平板零件的尺寸如图 7-40 所示。

（3）单击"装配体"工具栏中的"插入零部件"按钮 ，插入已绘制的名为"圆柱.sldprt"的文件，圆柱零件的尺寸如图 7-41 所示。调节视图中各零件的方向，插入零件后的装配体如图 7-42 所示。

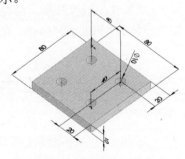

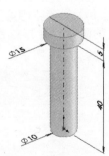

 图 7-40　底座平板零件　　　　 图 7-41　圆柱零件

（4）单击"装配体"工具栏中的"配合"按钮 ，系统弹出"配合"属性管理器。

（5）将如图 7-42 所示的平面 1 和平面 3 添加为"重合"配合关系，将圆柱面 2 和圆柱面 4 添加为"同轴心"配合关系，注意配合的方向。

（6）单击"确定"按钮，配合添加完毕。

（7）单击"标准视图"工具栏中的"等轴测"按钮，将视图以等轴测方向显示。配合后的等轴测视图如图7-43所示。

（8）单击"参考几何体"工具栏中的"基准面"按钮，打开"基准面"属性管理器。

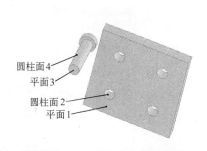

圆柱面4
平面3
圆柱面2
平面1

图7-42　插入零件后的装配体

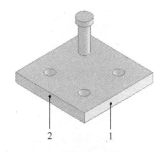

2　　　1

图7-43　配合后的等轴测视图

（9）在"参考实体"列表框中，选择如图7-43所示的面1；在"距离"文本框中输入"40"，注意添加基准面的方向，其他设置如图7-44所示，添加如图7-45所示的基准面1。重复该命令，添加如图7-45所示的基准面2。

图7-44　"基准面"属性管理器

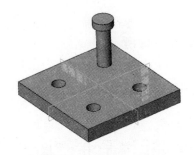

图7-45　添加基准面

入门

草图
绘制

参考几
何体

草绘特
征建模

放置特
征建模

曲线与
曲面

装配体
设计

工程图
绘制

传动体
设计

第7章 ● 装配体设计 ○ **299**

入门

草图
绘制

参考几
何体

草绘特
征建模

放置特
征建模

曲线与
曲面

装配体
设计

工程图
绘制

传动体
设计

（10）单击"装配体"工具栏中的"镜像零部件"按钮，系统弹出"镜像零部件"属性管理器。

（11）在"镜像基准面"列表框中，选择如图 7-45 所示的基准面 1；在"要镜像的零部件"列表框中，选择如图 7-45 所示的圆柱，如图 7-46 所示。单击"下一步"按钮，"镜像零部件"属性管理器如图 7-47 所示。

图 7-46 "镜像零部件"
属性管理器 1

图 7-47 "镜像零部件"
属性管理器 2

（12）单击"确定"按钮，零件镜像完毕，镜像后的图形如图 7-48 所示。

（13）单击"装配体"工具栏中的"镜像零部件"按钮，系统弹出"镜像零部件"属性管理器。

（14）在"镜像基准面"列表框中，选择如图 7-48 所示的基准面 2；在"要镜像的零部件"列表框中，选择如图 7-48 所示的两个圆柱，单击"往下"按钮。选择"圆柱-1"，然后单击"重新定向零部件"按钮，如图 7-49 所示。

300 ○ SolidWorks 2012 中文版工程设计速学通

（15）单击"确定"按钮 ，零件镜像完毕，镜像后的装配体图形如图 7-50 所示，此时装配体文件的"FeatureManager 设计树"如图 7-51 所示。

图 7-48　镜像零件　　　图 7-49　"镜像零部件"属性管理器

技巧荟萃

从上面的案例操作步骤可以看出，不但可以对称的镜像原零部件，而且还可以反方向镜像零部件，要灵活应用该命令。

图 7-50　镜像后的装配体图形　　图 7-51　"FeatureManager 设计树"

7.3.5　实例——管组装配体

本实例首先创建一个装配体文件，然后依次插入弯管、接管等的零部件，最后添加零件之间的配合关系。绘制最终模型如图 7-52 所示。

入门

草图
绘制

参考几
何体

草绘特
征建模

放置特
征建模

曲线与
曲面

装配体
设计

工程图
绘制

传动体
设计

图 7-52　管组装配体

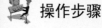 操作步骤

1. 弯管-胶皮垫圈配合

（1）单击"标准"工具栏中的"新建"按钮，在弹出的"新建 SolidWorks 文件"对话框中，先单击"装配体"按钮，再单击"确定"按钮，创建一个新的装配体文件。系统弹出"开始装配体"属性管理器，如图 7-53 所示。

（2）单击"开始装配体"属性管理器中的"浏览"按钮，系统弹出"打开"对话框，选择前面创建的"弯管"零件，这时对话框的浏览区中将显示零件的预览结果，如图 7-54 所示。在"打开"对话框中单击"打开"按钮，系统进入装配界面，光标变为形状，选择菜单栏中的"视图"→"原点"命令，显示坐标原点，

图 7-53　"开始装配体"属性管理

将光标移动至原点位置，光标变为形状，如图 7-55 所示，在

目标位置单击将弯管放入装配界面中。

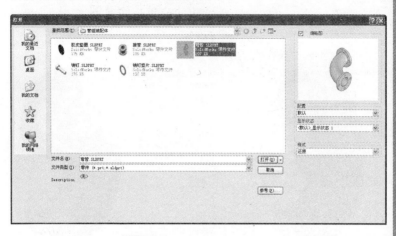

入门

草图
绘制

参考几
何体

草绘特
征建模

放置特
征建模

曲线与
曲面

装配体
设计

工程图
绘制

传动体
设计

图 7-54 打开所选装配零件

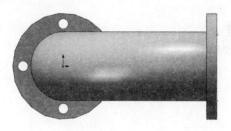

图 7-55 定位弯管

（3）单击"装配体"工具栏中的"插入零部件"按钮，在弹出的"打开"对话框中选择"胶皮垫圈"，将其插入到装配界面中，如图 7-56 所示。

（4）单击"装配体"工具栏中的"配合"按钮，系统弹出"配合"属性管理器，如图 7-57 所示。选择图 7-56 中的面 1 和面 2 为配合面，在"配合"属性管理器中单击"重合"按钮，添加"重合"关系；选择面 3 和面 4 为配合面，在"配合"属性管理器中单击"同轴心"按钮，添加"同心"关系，选择面 5 和

入门

草图绘制

参考几何体

草绘特征建模

放置特征建模

曲线与曲面

装配体设计

工程图绘制

传动体设计

面6，在"配合"属性管理器中单击"同轴心"按钮 ◎，添加"同心"关系，单击"确定"按钮 ✔，结果如图7-58所示。

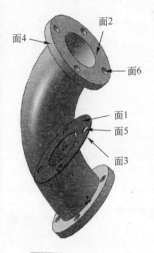

图 7-56　插入胶皮
垫圈

图 7-57　"配合"
属性管理器

图 7-58　配合
图形

（5）按住〈Ctrl〉键，在绘图区选择"胶皮垫圈"，然后将其拖动到视图中合适的位置，复制后的装配体如图7-59所示，复制后的"FeatureManager设计树"如图7-60所示。

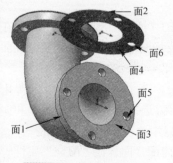

图 7-59　复制胶皮垫圈

⊞ 🔩 (固定) 弯管〈1〉（默认〈默认
⊞ 🔩 (-) 胶皮垫圈〈1〉（默认〈默
⊞ 🔩 (-) 胶皮垫圈〈2〉（默认〈默

图 7-60　FeatureManager 设计树

（6）单击"装配体"工具栏中的"配合"按钮⬚，系统弹出"配合"属性管理器，如图 7-57 所示。选择图 7-59 中的面 1 和面 2 为配合面，在"配合"属性管理器中单击"同轴心"按钮◎，添加"同心"关系；如图 7-61 所示，选择面 3 和面 4 为配合面，在"配合"属性管理器中单击"重合"按钮⬚，添加"重合"关系；如图 7-62 所示，选择面 5 和面 6，在"配合"属性管理器中

图 7-61　添加"同心"关系　　图 7-62　添加"重合"关系

单击"同轴心"按钮◎，添加"同心"关系；单击"确定"按钮⬚，结果如图 7-63 所示。

2. 接管-胶皮垫圈配合

（1）单击"装配体"工具栏中的"插入零部件"按钮⬚，在弹出的"打开"对话框中选择"接管"，将其插入到装配界面中适当位置，如图 7-64 所示。

（2）单击"装配体"工具栏中的"配合"按钮⬚，选择图 7-64 中的面 1 和

图 7-63　装配胶皮垫圈

入门

草图绘制

参考几何体

草绘特征建模

放置特征建模

曲线与曲面

装配体设计

工程图绘制

传动体设计

面 2，在"配合"属性管理器中单击"同轴心"按钮 ⊙，添加"同心"关系；选择图 7-64 中的面 3 和面 4，在"配合"属性管理器中单击"重合"按钮 ⬚，添加"重合"关系；选择面 5 和面 6，在"配合"属性管理器中单击"同轴心"按钮 ⊙，添加"同心"关系；单击"确定"按钮 ✓，完成接管和胶皮垫圈的装配，如图 7-65 所示。

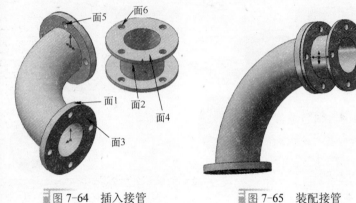

图 7-64　插入接管　　　　　　　图 7-65　装配接管

3. 销钉-销钉垫片配合

（1）单击"装配体"工具栏中的"插入零部件"按钮 🖱，在弹出的"打开"对话框中选择"销钉"，将其插入到装配界面中适当位置。

（2）单击"装配体"工具栏中的"插入零部件"按钮 🖱，在弹出的"打开"对话框中选择"销钉垫片"，将其插入到装配界面中适当位置，如图 7-66 所示。

（3）单击"装配体"工具栏中的"配合"按钮 🖉，选择图 7-66 中的面 1 和面 2，在"配合"属性管理器中单击"重合"按钮 ⬚，添加"重合"关系；选择调节螺母的上视基准面和弹簧的右视基准面，在"配合"属性管理器中单击"重合"按钮 ⬚，添加"重合"关系；选择图 7-66 中的面 3 和面 4，在"配合"属性管理器中单击"同轴心"按钮 ⊙，添加"同心"关系；单击"确定"按钮，完成销钉和销钉垫片的装配，如图 7-67 所示。

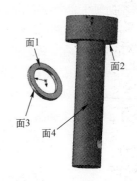

图 7-66　插入销钉和销钉垫片　　　图 7-67　销钉和销钉垫片装配

4. 销钉垫片-弯管配合

（1）选择菜单栏中的"视图"→"原点"命令，显示原点。

（2）单击"装配体"工具栏中的"配合"按钮，选择图 7-68 中的面 1 和面 2，在"配合"属性管理器中单击"同轴心"按钮，添加"同心"关系；选择图 7-68 中的面 3 和面 4，在"配合"属性管理器中单击"重合"按钮，添加"重合"关系，单击"确定"按钮，结果如图 7-69 所示。

图 7-68　选择装配面　　　　图 7-69　销钉垫片和弯管的配合

入门

草图
绘制

参考几
何体

草绘特
征建模

放置特
征建模

曲线与
曲面

装配体
设计

工程图
绘制

传动体
设计

入门

草图
绘制

参考几
何体

草绘特
征建模

放置特
征建模

曲线与
曲面

装配体
设计

工程图
绘制

传动体
设计

5. 阵列销钉装配

（1）选择菜单栏中的"视图"→"临时轴"命令，显示临时轴。

（2）单击"装配体"工具栏中的"圆周零部件阵列"按钮，弹出"圆周阵列"属性管理器，如图 7-70 所示，在"阵列轴"列表框中选择临时轴 1，在"要阵列的零部件"选项组中选择上步完成的销钉装配体，在"实例数"列表框中输入"阵列个数"为"4"，勾选"等间距"复选框，单击"确定"按钮，结果如图 7-71 所示。

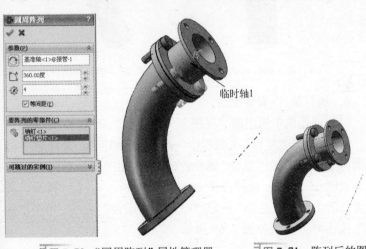

图 7-70 "圆周阵列"属性管理器   图 7-71 阵列后的图形

6. 阵列接管

（1）单击"装配体"工具栏中的"线性零部件阵列"按钮，弹出"线性阵列"属性管理器，如图 7-72 所示，在"方向 1"列表框中选择图 7-70 中的"临时轴 1"，在"要阵列的零部件"选项组中选择"接管"和"胶皮垫圈"零件，输入"阵列个数"为"4"，单击"确定"按钮。

（2）取消临时轴显示。选择菜单栏中的"视图"→"临时轴"命令，取消临时轴显示，结果如图 7-73 所示。

7. 接管-胶皮垫圈装配

（1）按住〈Ctrl〉键，在绘图区选择"胶皮垫圈"，然后将其拖动到视图中合适的位置，复制后的装配体如图 7-74 所示。

入门

草图
绘制

参考几
何体

草绘特
征建模

放置特
征建模

曲线与
曲面

装配体
设计

工程图
绘制

传动体
设计

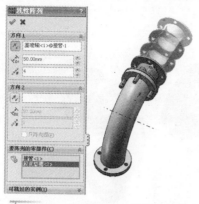

图 7-72　"线性阵列"属性管理器

图 7-73　配合后的图形

（2）单击"装配体"工具栏中的"配合"按钮，系统弹出"配合"属性管理器。选择图 7-74 中的面 1 和面 2 为配合面，在"配合"属性管理器中单击"同轴心"按钮，添加"同心"关系，如图 7-75 所示，单击"确定"按钮。选择面 3 和面 4 为配合面；在"配合"属性管理器中单击"重合"按钮，添加"重合"关系，如图 7-76 所示，单击"确定"按钮，结果如图 7-77 所示。

图 7-74　复制胶皮垫圈

图 7-75　添加"同心"关系

第 7 章 ● 装配体设计 ○ 309

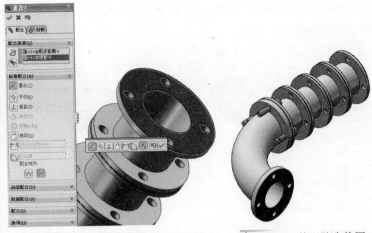

图 7-76　添加"重合"关系　　　　图 7-77　装配胶皮垫圈

8. 镜像零部件

单击"装配体"工具栏中的"镜像零部件"按钮![icon]，弹出"镜像"属性管理器，在"镜像基准面"选项组中选择图 7-78 中面 1，在"要镜像的实体"选项组中添加镜像零部件；单击"确定"按钮![icon]，结果如图 7-52 所示。

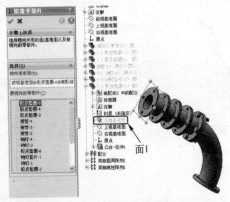

图 7-78　"镜像零部件"属性管理器

9. 保存

单击"标准"工具栏中的"保存"按钮![icon]，弹出"另存为"

入门

草图绘制

参考几何体

草绘特征建模

放置特征建模

曲线与曲面

装配体设计

工程图绘制

传动体设计

对话框，在"文件名"列表框中输入装配体名称"管组装配体.sldasm"，单击"确定"按钮，退出对话框，保存文件。

7.4 爆炸视图

在零部件装配体完成后，为了在制造、维修及销售中直观地分析各个零部件之间的相互关系，需要装配图按照零部件的配合条件来产生爆炸视图。装配体爆炸以后，用户不可以对装配体添加新的配合关系。

7.4.1 生成爆炸视图

爆炸视图可以很形象地查看装配体中各个零部件的配合关系，常被称为系统立体图。爆炸视图通常用于介绍零件的组装流程、仪器的操作手册及产品使用说明书中。

◆ 执行方式：

"插入"菜单→"爆炸视图"命令。

此时系统弹出如图 7-79 所示的"爆炸"属性管理器。单击属性管理器中"操作步骤"、"设定"及"选项"各选项组右上角的箭头，将其展开。

图 7-79 "爆炸"属性管理器

◆ 选项说明：

装配体爆炸后，可以利用"爆炸"属性管理器进行编辑，也可以添加新的爆炸步骤。

7.4.2 实例——移动轮爆炸视图

本例利用"爆炸视图"相关功能绘制"移动轮"装配体的爆炸视图，如图 7-80 所示。

入门

草图绘制

参考几何体

草绘特征建模

放置特征建模

曲线与曲面

装配体设计

工程图绘制

传动体设计

入门

草图
绘制

参考几
何体

草绘特
征建模

放置特
征建模

曲线与
曲面

装配体
设计

工程图
绘制

传动体
设计

绘制步骤

（1）打开"移动轮"装配体文件，如图 7-81 所示。

（2）选择菜单栏中的"插入"→"爆炸视图"命令，此时系统弹出"爆炸"属性管理器。单击属性管理器中"操作步骤"、"设定"及"选项"各选项组右上角的箭头，将其展开。

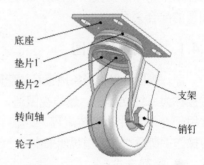

底座
垫片1
垫片2
支架
转向轴
销钉
轮子

图 7-80　移动轮爆炸视图　　　图 7-81　"移动轮"装配体文件

（3）在"设定"选项组中的"爆炸步骤零部件"一栏中，用鼠标单击图 7-82 中的"底座"零件，此时装配体中被选中的零件被亮显，并且出现一个设置移动方向的坐标，如图 7-82 所示。

（4）单击图 7-82 所示中坐标的某一方向，确定要爆炸的方向，然后在"设置"选项组中的"爆炸距离"一栏中输入爆炸的距离值，如图 7-83 所示。

图 7-82　选择零件后的装配体　　　图 7-83　"设定"复选框的设置

（5）单击"设定"选项组中的"应用"按钮，观测视图中预览的爆炸效果，单击"爆炸方向"前面的"反向"按钮 ，可以反方向调整爆炸视图。单击"完成"按钮，第一个零件爆炸完成，结果如图 7-84 所示。并且在"操作步骤"对话框中生成"爆炸步骤 1"，如图 7-85 所示。

图 7-84　第一个爆炸零件视图 　　　　图 7-85　生成的爆炸步骤

（6）重复步骤（3）～（5），其他零部件的爆炸视图如图 7-86 所示。图 7-87 所示为该爆炸视图的爆炸步骤。

图 7-86　生成的爆炸视图 　　　　图 7-87　生成其他爆炸视图的步骤

第 7 章 ● 装配体设计 ○ 313

入门

草图
绘制

参考几
何体

草绘特
征建模

放置特
征建模

曲线与
曲面

装配体
设计

工程图
绘制

传动体
设计

注意:

在生成爆炸视图时，建议对每一个零件在每一个方向上的爆炸设置为一个爆炸步骤。如果一个零件需要在 3 个方向上爆炸，建议使用 3 个爆炸步骤，这样对于可以很方便地修改爆炸视图。

（7）右键单击"操作步骤"选项组中的"爆炸步骤 1"，如图 7-88 所示，在弹出的快捷菜单中选择"编辑步骤"选项，此时"爆炸步骤 1"的爆炸设置出现在如图 7-89 所示的"设定"选项组中。

图 7-88 "爆炸"属性管理器

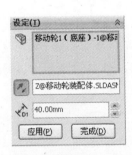

图 7-89 "设定"选项组

（8）确认爆炸修改。修改"设定"选项组中的距离参数，或者拖曳视图中要爆炸的零部件，然后单击"完成"按钮，即可完成对爆炸视图的修改。

（9）删除爆炸步骤。在"爆炸步骤 1"的右键快捷菜单中选择"删除"选项，该爆炸步骤就会被删除，删除后的操作步骤如图 7-90 所示。零部件恢复爆炸前的配合状态，结果如图 7-91 所示。对照图 7-91 与图 7-90 所示的异同。

图 7-90　删除爆炸步骤后的
操作步骤

图 7-91　删除爆炸步骤 1
后的视图

入门

草图
绘制

参考几
何体

草绘特
征建模

放置特
征建模

曲线与
曲面

装配体
设计

工程图
绘制

传动体
设计

入门

草图
绘制

参考几
何体

草绘特
征建模

放置特
征建模

曲线与
曲面

装配体
设计

工程图
绘制

传动体
设计

第8章

工程图绘制

默认情况下，SolidWorks 系统在工程图和零件或装配体三维模型之间提供全相关的功能，全相关意味着无论什么时候修改零件或装配体的三维模型，所有相关的工程视图将自动更新，以反映零件或装配体的形状和尺寸变化。反之，当在一个工程图中修改一个零件或装配体尺寸时，系统也将自动地将相关的其他工程视图及三维零件或装配体中的相应尺寸加以更新。

8.1 工程图的绘制方法

在安装 SolidWorks 软件时，可以设定工程图与三维模型间的单向链接关系，这样当在工程图中对尺寸进行了修改时，三维模型并不更新。如果要改变此选项的话，只有再重新安装一次软件。

此外，SolidWorks 系统提供多种类型的图形文件输出格式，包括最常用的 DWG 和 DXF 格式以及其他几种常用的标准格式。

工程图包含一个或多个由零件或装配体生成的视图。在生成工程图之前，必须先保存与它有关的零件或装配体的三维模型。

下面介绍创建工程图的操作步骤。

（1）单击"标准"工具栏中的"新建"按钮▢。

（2）在弹出的"新建 SolidWorks 文件"对话框的"模板"选项卡中单击"工程图"按钮，如图 8-1 所示。

（3）单击"确定"按钮，关闭该对话框。

（4）在弹出的"图纸格式/大小"对话框中，选择图纸格式，如图 8-2 所示。

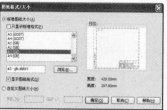

图 8-1 "新建 SolidWorks 文件" 图 8-2 "图纸格式/大小"对话框
对话框

● 标准图纸大小：在列表框中选择一个标准图纸大小的图纸
格式。

● 自定义图纸大小：在"宽度"和"高度"文本框中设置图
纸的大小。

如果要选择已有的图纸格式，则单击"浏览"按钮导航到所
需的图纸格式文件。

（5）在"图纸格式/大小"对话框中单击"确定"按钮，进入
工程图编辑状态。

工程图窗口中也包括"FeatureManager 设计树"，它与零件和
装配体窗口中的"FeatureManager 设计树"相似，包括项目层次
关系的清单。每张图纸有一个按钮，每张图纸下有图纸格式和每个
视图的按钮。项目按钮旁边的符号 ⊞ 表示它包含相关的项目，单
击它将展开所有的项目并显示其内容。工程图窗口如图 8-3 所示。

标准视图包含视图中显示的零件和装配体的特征清单。派生
的视图（如局部或剖面视图）包含不同的特定视图项目（如局部
视图按钮、剖切线等）。

工程图窗口的顶部和左侧有标尺，标尺会报告图纸中光标指
针的位置。选择菜单栏中的"视图"→"标尺"命令，可以打开
或关闭标尺。

如果要放大到视图，右击"FeatureManager 设计树"中的视
图名称，在弹出的快捷菜单中选择"放大所选范围"命令。

入门

草图
绘制

参考几
何体

草绘特
征建模

放置特
征建模

曲线与
曲面

装配体
设计

工程图
绘制

传动体
设计

第 8 章 ● 工程图绘制 ○317

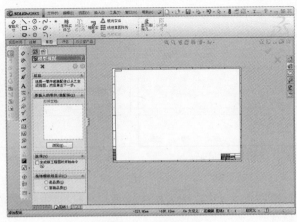

图 8-3 工程图窗口

用户可以在"FeatureManager 设计树"中重新排列工程图文件的顺序，在图形区拖动工程图到指定的位置。

工程图文件的扩展名为".slddrw"。新工程图使用所插入的第一个模型的名称。保存工程图时，模型名称作为默认文件名出现在"另存为"对话框中，并带有扩展名".slddrw"。

8.2 定义图纸格式

SolidWorks 提供的图纸格式不符合任何标准，用户可以自定义工程图纸格式以符合本单位的标准格式。

进入工程图绘图换将中，右击工程图纸上的空白区域，或者右击"FeatureManager 设计树"中的"图纸格式"按钮，弹出快捷菜单，如图 8-4 所示，显示图纸格式编辑常用命令。

图 8-4 快捷菜单

8.2.1 定义图纸格式

◆ 执行方式：

右键选择"编辑图纸格式"命令。

执行命令后，进入图纸编辑环境，如图8-5所示。

◆ 选项说明：

入门

草图
绘制

参考几
何体

草绘特
征建模

放置特
征建模

曲线与
曲面

装配体
设计

工程图
绘制

传动体
设计

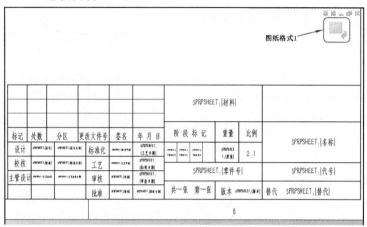

图纸格式1

						\$PRPSHEET:{材料}					
标记	处数	分区	更改文件号	签名	年 月 日	阶 段 标 记		重量	比例	\$PRPSHEET:{名称}	
设计	\$PRPSHEET:{设计}	\$PRPSHEET:{设计日期}	标准化	\$PRPSHEET:{标准化}	\$PRPSHEET:{工艺日期}	\$PRPSHEE T:{原型}		2:1		
校核	\$PRPSHEET:{校核}	\$PRPSHEET:{校核日期}	工艺	\$PRPSHEET:{工艺}	\$PRPSHEET:{审核日期}			\$PRPSHEET:{零件号}		\$PRPSHEET:{代号}	
主管设计	\$PRPSHEET:{主管设计}	\$PRPSHEET:{主管日期}	审核	\$PRPSHEET:{审核}	\$PRPSHEET:{审核日期}						
			批准	\$PRPSHEET:{批准}	\$PRPSHEET:{批准日期}	共---张	第一张	版本 \$PRPSHEET:{版本}	替代	\$PRPSHEET:{替代}	

8

图 8-5 进入图纸编辑环境

(1) 双击标题栏中的文字即可修改文字。同时在"注释"属性管理器的"文字格式"选项组中可以修改对齐方式、文字旋转角度和字体等属性，如图8-6所示。

图 8-6 "注释"属性管理器

入门

草图
绘制

参考几
何体

草绘特
征建模

放置特
征建模

曲线与
曲面

装配体
设计

工程图
绘制

传动体
设计

（2）如果要移动线条或文字，单击该项目后将其拖曳到新的位置。

（3）如果要添加线条，则单击"草图"工具栏中的"直线"按钮\，然后绘制线条。

（4）在"FeatureManager 设计树"中右击"图纸"按钮，在弹出的快捷菜单中选择"属性"命令。

（5）系统弹出的"图纸属性"对话框如图 8-7 所示，具体设置如下。

图 8-7 "图纸属性"对话框

- 在"名称"文本框中输入图纸的标题。

- 在"比例"文本框中指定图纸上所有视图的默认比例。

- 在"标准图纸大小"列表框中选择一种标准纸张（如 A4、B5 等）。如果点选"自定义图纸大小"单选按钮，则在下面的"宽度"和"高度"文本框中指定纸张的大小。

- 单击"浏览"按钮，可以使用其他图纸格式。

- 在"投影类型"选项组中点选"第一视角"或"第三视角"单选按钮。

- 在"下一视按钮号"文本框中指定下一个视图要使用的英文字母代号。

- 在"下一基准标号"文本框中指定下一个基准标号要使用的英文字母代号。

- 如果图纸上显示了多个三维模型文件，在"采用在此显示的模型中的自定义属性值"下拉列表框中选择一个视图，工程图将使用该视图包含模型的自定义属性。

8.2.2　保存图纸格式

◆ 执行方式：

菜单栏中的"文件"→"保存图纸格式"命令。

执行上述命令，打开"保存图纸格式"对话框，如图 8-8 所示。

图 8-8　"保存图纸格式"对话框

◆ 选项说明：

（1）如果要替换 SolidWorks 提供的标准图纸格式，则单击图 8-8 中的"标准图纸格式"单选按钮，然后在下拉列表框中选择一种图纸格式，单击"确定"按钮。图纸格式将被保存在 <安装目录>\data 下。

（2）如果要使用新的图纸格式，可以单击图 8-7 中的"自定义图纸大小"单选钮，自行输入图纸的高度和宽度；或者单击"浏览"按钮，选择图纸格式保存的目录并打开，然后输入图纸格式名称，最后单击"确定"按钮。

入门

草图
绘制

参考几
何体

草绘特
征建模

放置特
征建模

曲线与
曲面

装配体
设计

工程图
绘制

传动体
设计

8.3 标准三视图的绘制

在创建工程图前，应根据零件的三维模型考虑和规划零件视图，如工程图由几个视图组成、是否需要剖视图等。考虑清楚后，再进行零件视图的创建工作，否则如同用手工绘图一样，可能创建的视图不能很好地表达零件的空间关系，给其他用户的识图、看图造成困难。

标准三视图是指从三维模型的主视、左视、俯视 3 个正交角度投影生成 3 个正交视图，如图 8-9 所示。

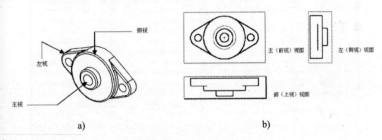

图 8-9　标准三视图

在工具栏空白处单击右键弹出快捷菜单，选择"工程图"命令，弹出"工程图"对话框，如图 8-10 所示，在图中显示各命令按钮。

在标准三视图中，主视图与俯视图及侧视图有固定的对齐关系。俯视图可以竖直移动，侧视图可以水平移

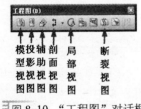

图 8-10　"工程图"对话框

动。SolidWorks 生成标准三视图的方法有多种，这里只介绍常用的两种。

8.3.1 用标准方法生成标准三视图

◆ 执行方式：

"工程图"→"标准三视图"按钮。

执行上述命令，打开"标准三视图"属性管理器，如图 8-11 所示。同时光标指针变为形状。

◆ 选项说明：

（1）在"标准三视图"属性管理器中提供了 4 种选择模型的方法。

- 选择一个包含模型的视图。
- 从另一窗口的"FeatureManager 设计树"中选择模型。
- 从另一窗口的图形区中选择模型。
- 在工程图窗口右击，在快捷菜单中选择"从文件中插入"命令。

图 8-11 "标准三视图"属性管理器

（2）选择菜单栏中的"窗口"→"文件"命令，进入到零件或装配体文件中。

（3）利用步骤（1）中的一种方法选择模型，系统会自动回到工程图文件中，并将三视图放置在工程图中。

（4）如果不打开零件或装配体模型文件，用标准方法生成标准三视图的操作步骤如下。

- 在弹出的"标准三视图"属性管理器中，单击"浏览"按钮。
- 在弹出的"插入零部件"对话框中浏览到所需的模型文件，单击"打开"按钮，标准三视图便会放置在图形区中。

8.3.2 利用 Internet Explorer 中的超文本链接生成标准三视图

利用 Internet Explorer 中的超文本链接生成标准三视图的操作步骤如下。

（1）新建一张工程图。

入门

草图绘制

参考几何体

草绘特征建模

放置特征建模

曲线与曲面

装配体设计

工程图绘制

传动体设计

入门

草图
绘制

参考几
何体

草绘特
征建模

放置特
征建模

曲线与
曲面

装配体
设计

工程图
绘制

传动体
设计

（2）在 Internet Explorer（4.0 或更高版本）中，导航到包含 SolidWorks 零件文件超文本链接的位置。

（3）将超文本链接从 Internet Explorer 窗口拖曳到工程图窗口中。

（4）在出现的"另存为"对话框中保存零件模型到本地硬盘中，同时零件的标准三视图也被添加到工程图中。

8.3.3 实例——支承轴三视图

本实例是将支承轴零件图转化为工程图。首先打开零件图，再创建工程图，利用标准三视图命令创建三视图。最终结果如图 8-12 所示。

绘制步骤

（1）单击"标准"工具栏中的"打开"按钮，在弹出的"打开"对话框中选择零件文件"支承轴.sldprt"。单击"打开"按钮，在绘图区显示零件模型，如图 8-13 所示。

图 8-12　支承轴三视图　　　　图 8-13　支承轴零件

（2）单击"标准"工具栏中的"从零件/装配图制作工程图"按钮，弹出"SolidWorks"对话框，如图 8-14 所示，单击"确定"按钮，弹出"图纸格式/大小"对话框，点选"标准图纸大小"单选按钮，并设置图纸尺寸，如图 8-15 所示，单击"确定"按钮，完成图纸设置。

入门

草图
绘制

参考几
何体

草绘特
征建模

放置特
征建模

曲线与
曲面

装配体
设计

工程图
绘制

传动体
设计

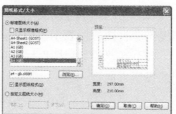

图 8-14　"SolidWorks"对话框　　图 8-15　"图纸格式/大小"对话框

（3）单击"工程图"工具栏中的"标准三视图"按钮，弹出"标准三视图"属性管理器中，接着单击"浏览"按钮，弹出"打开"对话框，选择"支承轴"文件，然后单击"打开"按钮，在绘图区显示三视图，如图 8-12 所示。

（4）保存工程图。单击"标准"工具栏中的"保存"按钮，弹出"另存为"对话框，在"文件名"列表框中输入装配体名称"支承轴.slddrw"，单击"确定"按钮，退出对话框，保存文件。

8.4　模型视图的绘制

标准三视图是最基本也是最常用的工程图，但是它所提供的视角十分固定，有时不能很好地描述模型的实际情况。SolidWorks提供的模型视图解决了这个问题。通过在标准三视图中插入模型视图，可以从不同的角度生成工程图。

8.4.1　模型视图

◆ 执行方式：

"工程图"→"模型视图"按钮。

◆ 选项说明：

（1）和生成标准三视图中选择模型的方法一样，在零件或装配体文件中选择一个模型，如图 8-16 所示。

图 8-16　三维模型

（2）当回到工程图文件中时，光标指针变为形状，用光标拖曳一个视图方框表示模型视图的大小。

（3）在"模型视图"属性管理器的"方向"选项组中选择视图的投影方向。

（4）在绘图区单击，从而在工程图中放置模型视图，如图 8-17 所示。

（5）如果要更改模型视图的投影方向，则双击"方向"选项中的"视图方向"按钮。

（6）如果要更改模型视图的显示比例，则点选"使用自定义比例"单选按钮，然后输入显示比例。

草绘特
征建模

放置特
征建模

曲线与
曲面

装配体
设计

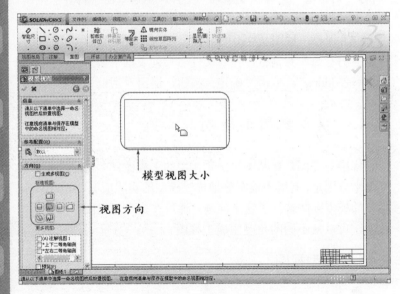

图 8-17　放置模型视图

8.4.2　实例——压紧螺母模型视图

本实例是将压紧螺母零件图转化为工程图。首先需要创建主视图，然后根据主视图创建俯视图，如图 8-18 所示。

绘制步骤

（1）单击"标准"工具栏中的"新建"按钮 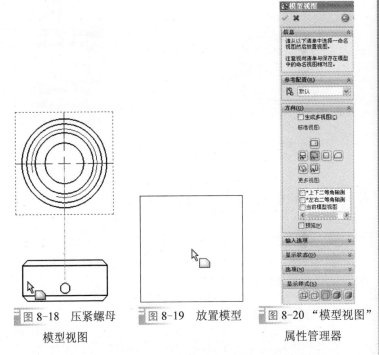，在弹出的"新建 SolidWorks 文件"对话框中选择"工程图"按钮，新建工程图文件。

（2）进入绘图环境后，在绘图区左侧显示"模型视图"属性管理器，单击"浏览"按钮，在弹出的"打开"对话框中选择零件文件"压紧螺母.sldprt"。单击"打开"按钮，在绘图区显示放置模型，如图 8-19 所示，在绘图区左侧显示"模型视图"属性管理器，如图 8-20 所示。

（3）在"模型视图"属性管理器中选择"前视图"，并在图纸中合适的位置放置主视图，如图 8-21 所示。

图 8-18　压紧螺母　　　图 8-19　放置模型　　　图 8-20　"模型视图"
　　　模型视图　　　　　　　　　　　　　　　　　　属性管理器

（4）完成主视图放置后，向下拖动鼠标放置其余模型，同时

第 8 章 ● 工程图绘制 ◯ 327

入门

草图
绘制

参考几
何体

草绘特
征建模

放置特
征建模

曲线与
曲面

装配体
设计

工程图
绘制

传动体
设计

在绘图区左侧显示"投影视图"属性管理器，显示放置"上视图"，如图 8-22 所示。在绘图区适当位置单击，放置模型，如图 8-18 所示。单击"确定"按钮，退出对话框。

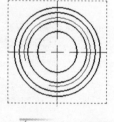

图 8-21　主视图　　　　图 8-22　"投影视图"属性管理器

8.5　派生视图的绘制

派生视图是指从标准三视图、模型视图或其他派生视图中派生出来的视图，包括剖面视图、旋转剖视图、投影视图、辅助视图、局部视图和断裂视图等。

8.5.1　剖面视图

剖面视图是指用一条剖切线分割工程图中的一个视图，然后从垂直于剖面方向投影得到的视图，如图 8-23 所示。

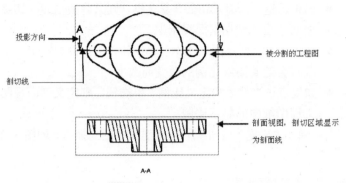

投影方向

剖切线

被分割的工程图

剖面视图，剖切区域显示
为剖面线

A-A

图 8-23　剖面视图举例

入门

草图
绘制

参考几
何体

草绘特
征建模

放置特
征建模

曲线与
曲面

装配体
设计

工程图
绘制

传动体
设计

◆ 执行方式：

"工程图"→"剖面视图"按钮⦾。

执行上述命令，打开"剖面视图"属性管理器，同时"草图"
工具栏中的"直线"按钮＼也被激活。

◆ 选项说明：

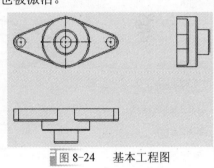

（1）在如图 8-24 所示
的工程图上绘制剖切线。绘
制完剖切线之后，系统会在
垂直于剖切线的方向出现
一个方框，表示剖切视图的
大小。拖曳这个方框到适当
的位置，则剖切视图被放置
在工程图中。

图 8-24　基本工程图

（2）在"剖面视图"属性管理器中设置相关选项，如图 8-25a
所示。

● 如果勾选"反转方向"复选框，则会反转切除的方向。

● 在"名称"文本框♣中指定与剖面线或剖面视图相关的
字母。

● 如果剖面线没有完全穿过视图，勾选"部分剖面"复选框
将会生成局部剖面视图。

第 8 章 ● 工程图绘制 ○ 329

入门

草图
绘制

参考几
何体

草绘特
征建模

放置特
征建模

曲线与
曲面

装配体
设计

工程图
绘制

传动体
设计

● 如果勾选"只显示切面"复选框，则只有被剖面线切除的
曲面才会出现在剖面视图上。
● 如果点选"使用图纸比例"单选钮，则剖面视图上的剖面
线将会随着图纸比例的改变而改变。
● 如果点选"使用自定义比例"单选钮，则定义剖面视图在
工程图纸中的显示比例。

（3）单击"确定"按钮 ✅，完成剖面视图的插入，如图 8-25b
所示。

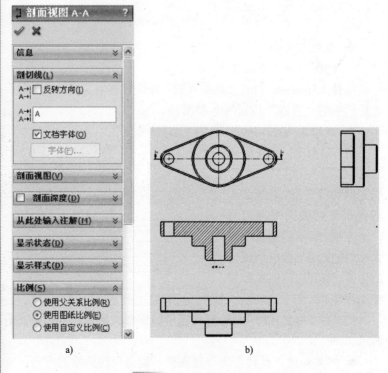

a)   b)

图 8-25　绘制剖面视图

新剖面是由原实体模型计算得来的，如果模型更改，此视图
将随之更新。

8.5.2 旋转剖视图

旋转剖视图中的剖切线是由两条具有一定角度的线段组成的。系统从垂至于剖切方向投影生成剖面视图，如图 8-26 所示。

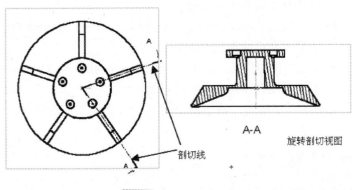

A-A　旋转剖切视图

剖切线

图 8-26　旋转剖视图

◆ 执行方式：

"工程图" → "旋转剖视图" 按钮 。

◆ 选项说明：

（1）单击 "草图" 工具栏中的 "中心线" 按钮 或 "直线" 按钮 。绘制旋转视图的剖切线，剖切线至少应由两条具有一定角度的连续线段组成。

（2）按住〈Ctrl〉键选择剖切线段。

（3）单击 "工程图" 工具栏中的 "旋转剖视图" 按钮 ，

（4）系统会在沿第一条剖切线段的方向出现一个方框，表示剖切视图的大小，拖曳这个方框到适当的位置，则旋转剖切视图被放置在工程图中。

（5）在 "剖面视图" 属性管理器中设置相关选项，如图 8-27a 所示。

● 如果勾选 "反转方向" 复选框，则会反转切除的方向。

入门

草图
绘制

参考几
何体

草绘特
征建模

放置特
征建模

曲线与
曲面

装配体
设计

工程图
绘制

传动体
设计

- 如果勾选"随模型缩放比例"复选框，则剖面视图上的剖面线将会随着模型尺寸比例的改变而改变。
- 在"名称"文本框中指定与剖面线或剖面视图相关的字母。
- 如果剖面线没有完全穿过视图，勾选"局部剖视图"复选框将会生成局部剖面视图。
- 如果勾选"只显示切面"复选框，将只有被剖面线切除的曲面才会出现在剖面视图上。
- 点选"使用自定义比例"单选按钮后，用户可以自己定义剖面视图在工程图纸中的显示比例。

（6）单击"确定"按钮 ✓，完成旋转剖面视图的插入，如图 8-27b 所示。

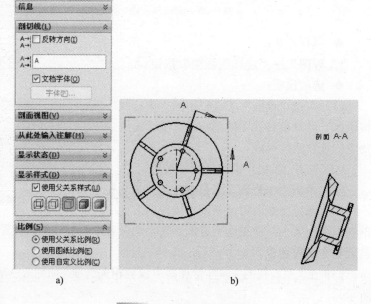

a)　　　　　　　　　　　　b)

图 8-27　绘制旋转剖视图

8.5.3 投影视图

投影视图是通过从正交方向对现有视图投影生成的视图,如图 8-28 所示。

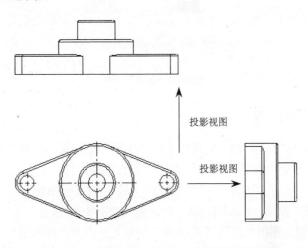

投影视图

投影视图

图 8-28 投影视图

◆ 执行方式:

"工程图"→"投影视图"按钮图。

◆ 选项说明:

(1)系统将根据光标指针在所选视图的位置决定投影方向。可以从所选视图的上、下、左、右 4 个方向生成投影视图。

(2)系统会在投影方向出现一个方框,表示投影视图的大小,拖曳这个方框到适当的位置,则投影视图被放置在工程图中。

8.5.4 实例——创建阀体视图

本实例是将阀体零件图转化为工程图。首先创建俯视图,然后根据俯视图创建剖视图,最后创建左视图。创建的阀体如图 8-29 所示。

入门

草图
绘制

参考几
何体

草绘特
征建模

放置特
征建模

曲线与
曲面

装配体
设计

工程图
绘制

传动体
设计

入门

草图
绘制

参考几
何体

草绘特
征建模

放置特
征建模

曲线与
曲面

装配体
设计

工程图
绘制

传动体
设计

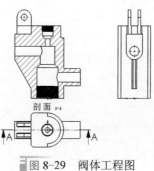

剖面 A—A

图 8-29　阀体工程图

 绘制步骤

（1）单击"标准"工具栏中的"打开"按钮，在弹出的"打开"对话框中选择将要转化为工程图的零件文件。

（2）单击"标准"工具栏中的"从零件/装配图制作工程图"按钮，弹出"SolidWorks"对话框，如图 8-30 所示，单击"确定"按钮，弹出"图纸格式/大小"对话框，点选"标准图纸大小"单选按钮，并设置图纸尺寸，如图 8-31 所示，单击"确定"按钮，完成图纸设置。

图 8-30　"SolidWorks"对话框　　图 8-31　"图纸格式/大小"对话框

（3）在工程图文件绘图区右侧显示"视图调色板"属性管理器，如图 8-32 所示，选择前视图，并在图纸中合适的位置放置前视图，如图 8-33 所示。

（4）单击"工程图"工具栏中的"剖面图"按钮，在前视图上选择水平剖视线，弹出"剖面视图"对话框，勾选"反转方向"复选框，如图 8-34 所示，系统弹出"剖面视图"属性管理器，单击"确定"按钮 ✔，生成剖面图如图 8-35 所示。

入门

草图
绘制

参考几
何体

草绘特
征建模

放置特
征建模

曲线与
曲面

装配体
设计

工程图
绘制

传动体
设计

图 8-32 "视图调色板"属性管理器

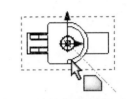

图 8-33 创建前视图

图 8-34 "剖面视图"对话框

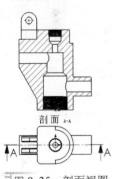

剖面 A-A

图 8-35 剖面视图

（5）单击"工程图"工具栏中的"投影视图"按钮 ⬚，在剖面图上单击，向右拖动鼠标，生成投影视图，如图 8-29 所示。

8.5.5 辅助视图

辅助视图类似于投影视图，它的投影方向垂直于所选视图的参考边线。

入门

草图
绘制

参考几
何体

草绘特
征建模

放置特
征建模

曲线与
曲面

装配体
设计

工程图
绘制

传动体
设计

◆ 执行方式：

"工程图"→"辅助视图"按钮。

◆ 选项说明：

（1）选择要生成辅助视图的工程视图中的一条直线作为参考边线，参考边线可以是零件的边线、侧影轮廓线、轴线或所绘制的直线。

（2）系统会在与参考边线垂直的方向出现一个方框，表示辅助视图的大小，拖动这个方框到适当的位置，则辅助视图被放置在工程图中。

（3）在"辅助视图"属性管理器中设置相关选项，如图 8-36a 所示。

● 在"名称"文本框中指定与剖面线或剖面视图相关的字母。

● 如果勾选"反转方向"复选框，则会反转切除的方向。

（4）单击"确定"按钮，生成辅助视图，如图 8-36b 所示。

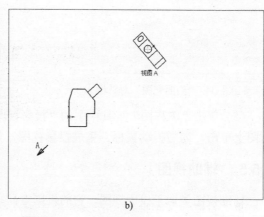

图 8-36 绘制辅助视图

8.5.6　局部视图

可以在工程图中生成一个局部视图来放大显示视图中的某个部分，如图 8-37 所示。局部视图可以是正交视图、三维视图或剖面视图。

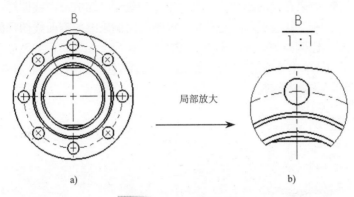

入门

草图
绘制

参考几
何体

草绘特
征建模

放置特
征建模

曲线与
曲面

装配体
设计

工程图
绘制

传动体
设计

图 8-37　局部视图举例

◆　执行方式：

"工程图" → "局部视图" 按钮 Ⓐ。

◆　选项说明：

（1）此时，"草图" 工具栏中的 "圆" 按钮 Ⓞ 被激活，利用它在要放大的区域绘制一个圆。

（2）系统会弹出一个方框，表示局部视图的大小，拖动该方框到适当的位置，则局部视图被放置在工程图中。

（3）在 "局部视图" 属性管理器中设置相关选项，如图 8-38a 所示。

- ● "样式" 下拉列表框 Ⓐ：在下拉列表框中选择局部视图按钮的样式，有 "依照标准"、"断裂圆"、"带引线"、"无引线" 和 "相连" 5 种样式。
- ● "名称" 文本框 Ⓐ：在文本框中输入与局部视图相关的字母。

入门

草图
绘制

参考几
何体

草绘特
征建模

放置特
征建模

曲线与
曲面

装配体
设计

工程图
绘制

传动体
设计

● 如果在"局部视图"选项组中勾选了"完整外形"复选框，则系统会显示局部视图中的轮廓外形。

● 如果在"局部视图"选项组中勾选了"钉住位置"复选框，在改变派生局部视图的视图大小时，局部视图将不会改变大小。

● 如果在"局部视图"选项组中勾选了"缩放剖面线图样比例"复选框，将根据局部视图的比例来缩放剖面线图样的比例。

（4）单击"确定"按钮 ✔，生成局部视图，如图 8-38b 所示。

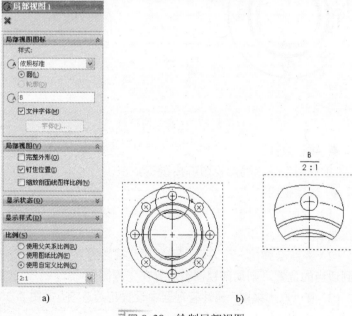

图 8-38　绘制局部视图

🐷 技巧荟萃

局部视图中的放大区域还可以是其他任何的闭合图形。其方法是首先绘制用来作放大区域的闭合图形，然后再单击"局部视图"按钮 ⓐ，其余的步骤相同。

8.5.7　断裂视图

工程图中有一些截面相同的长杆件（如长轴、螺纹杆等），这些零件在某个方向的尺寸比其他方向的尺寸大很多，而且截面没有变化。因此可以利用断裂视图将零件用较大比例显示在工程图上，如图 8-39 所示。

草图
绘制

参考几
何体

草绘特
征建模

放置特
征建模

曲线与
曲面

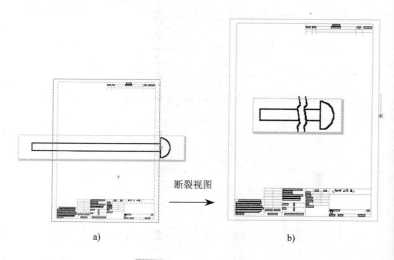

a)　　　　　　　　　　　　　　b)

图 8-39　断裂视图举例

◆　执行方式：

"工程图"→"断裂视图"按钮 。

执行上述命令，打开"断裂视图"属性管理器，如图 8-40 所示，此时折断线出现在视图中。

◆　选项说明：

（1）可以添加多组折断线到一个视图中，但所有折断线必须为同一个方向。

（2）将折断线拖曳到希望生成断

图 8-40　"断裂视图"
属性管理器

裂视图的位置。

（3）在视图边界内部右击，在弹出的快捷菜单中选择"断裂视图"命令，生成断裂视图，如图 8-39b 所示。

（4）此时，折断线之间的工程图都被删除，折断线之间的尺寸变为悬空状态。如果要修改折断线的形状，则右击折断线，在弹出的快捷菜单中选择一种折断线样式（直线、曲线、锯齿线和小锯齿线）。

8.5.8 实例——创建管组工程图

本例是将管组零件图转化为工程图。首先创建辅助视图，然后根据辅助视图创建剖视图，最后创建断裂视图。最终结果如图 8-41 所示。

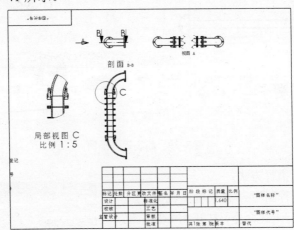

图 8-41　管组工程图

绘制步骤

（1）单击"标准"工具栏中的"打开"按钮，在弹出的"打开"对话框中选择将要转化为工程图的装配体件文件"管组装配体.sldasm"，如图 8-42 所示。

（2）单击"标准"工具栏中的"从零件/装配图制作工程图"按钮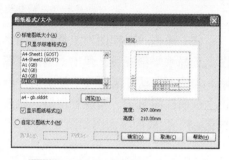，弹出"SolidWorks"对话框，单击"确定"按钮，弹出"图纸格式/大小"对话框，点选"标准图纸大小"单选按钮，并设置图纸尺寸，如图 8-43 所示，单击"确定"按钮，完成图纸设置。

图 8-42 装配体模型　　　图 8-43 "图纸格式/大小"对话框

（3）在工程图文件绘图区右侧显示"视图调色板"属性管理器，如图 8-44 所示，选择前视图，并在图样中合适的位置放置前视图，如图 8-45 所示。

边线1

图 8-44 "视图调色板"　　　图 8-45 创建前视图
　　　属性管理器

（4）单击"工程图"工具栏中的"辅助视图"按钮，在前视图上单击边线 1，向右拖曳鼠标，生成辅助视图如图 8-46 所示。

第 8 章 ● 工程图绘制 ○341

入门

草图
绘制

参考几
何体

草绘特
征建模

放置特
征建模

曲线与
曲面

装配体
设计

工程图
绘制

传动体
设计

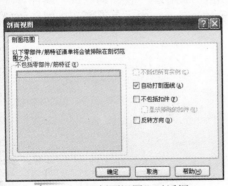

视图 A

图 8-46　辅助视图

（5）单击"工程图"工具栏中的"剖面图"按钮，在前视图上选择水平剖视线，弹出"剖面视图"对话框，如图 8-47 所示。勾选"自动打剖面线"复选框，单击"确定"按钮，系统弹出"剖面视图 B-B"属性管理器，如图 8-48 所示，单击"确定"按钮，生成的剖面图如图 8-49 所示。

图 8-47　"剖面视图"对话框

图 8-48　"剖面视图 B-B"
属性管理器

（6）单击"工程图"工具栏中的"局部视图"按钮，在剖面图上单击，向外拖曳鼠标，绘制适当大小圆，绘图区左侧弹出"局部视图"属性管理器，如图 8-50 所示，同时绘图区显示局部视图，向左侧拖动鼠标，放置局部视图，如图 8-51 所示。

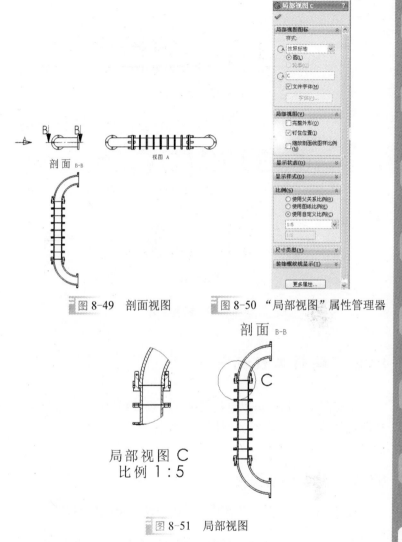

图 8-49　剖面视图

图 8-50　"局部视图"属性管理器

局部视图 C
比例 1∶5

图 8-51　局部视图

入门

草图
绘制

参考几
何体

草绘特
征建模

放置特
征建模

曲线与
曲面

装配体
设计

工程图
绘制

传动体
设计

（7）单击"工程图"工具栏中的"断裂视图"按钮，弹出"断裂视图"属性管理器。在辅助视图 A—A 上单击，在绘图区显示"竖直折线"符号，在相应位置单击放置"竖直折线"，单击"确定"按钮，生成的断裂视图如图 8-52 所示。

入门

草图
绘制

参考几
何体

草绘特
征建模

放置特
征建模

曲线与
曲面

装配体
设计

工程图
绘制

传动体
设计

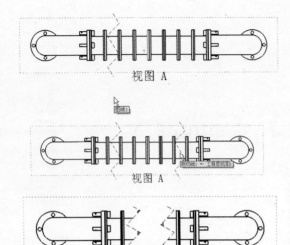

视图 A

视图 A

视图 A

图 8-52　断裂视图

8.6　编辑工程视图

工程图建立后，可以对视图进行一些必要的编辑。编辑工程视图包括移动视图、对齐视图、删除视图、剪裁视图及隐藏视图等。

8.6.1　旋转/移动视图

旋转/移动视图是工程图中常用的方法，用来调整视图之间的距离。

◆　执行方式：

"视图"→"旋转视图"按钮 ◎ 。

打开随书光盘"源文件/8/8.6.1.slddrw"工程图文件，如图 8-53 所示。选择旋转的视图，单击选择如图 8-54 所示中的左视图，视图框变为绿色。

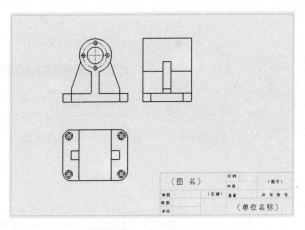

图 8-53　创建的工程图

执行上述命令，打开如图 8-55 所示的"旋转工程视图"对话框。

◆ 选项说明：

（1）在"工程视图角度"一栏中输入值"45"，然后单击"关闭"按钮，结果如图 8-56 所示。

对于被旋转过的视图，如果要恢复视图的原始位置，可以执行"旋转视图"命令，在"旋转工程视图"对话框中的"工程视图交点"一栏中输入值"0"即可。

（2）可以移动视图。选择移动的视图，单击选择该视图，视图框变为绿色。将鼠标移到该视图上，当鼠标指针变为，按住鼠标左键拖曳该视图到图中合适的位置，如图 8-54 所示，然后释放鼠标左键。

入门

草图
绘制

参考几
何体

草绘特
征建模

放置特
征建模

曲线与
曲面

装配体
设计

工程图
绘制

传动体
设计

第 8 章　工程图绘制 ○**345**

入门

草图
绘制

参考几
何体

草绘特
征建模

放置特
征建模

曲线与
曲面

装配体
设计

工程图
绘制

传动体
设计

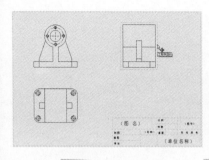 

图 8-54　移动的视图　　图 8-55　"旋转工程视图"对话框

 注意

（1）在标准三视图中，移动主视图时，左视图和俯视图会跟着移动；其他的两个视图可以单独移动，但始终与主视图保持对齐关系。

（2）投影视图、辅助视图、剖面视图及旋转视图与生成他们的母视图保持对齐，并且智能在投影方向移动。

8.6.2　对齐视图

建立标准三视图时，系统默认的方式为对齐方式。视图建立时可以设置与其他视图对齐，也可以设置为不对齐。要对齐没有对齐的视图，可以设置其对齐方式。

◆　执行方式：

右键快捷菜单→"视图对齐"命令。

打开如图 8-56 所示的工程图文件。右键单击图 8-56 中的左视图，此时系统弹出快捷菜单，如图 8-57 所示，选择"视图对齐"选项，然后选择子菜单"默认旋转"选项。结果如图 8-58所示。

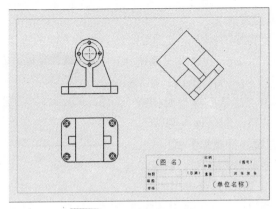

图 8-56　旋转后的工程图

图 8-57　系统快捷菜单

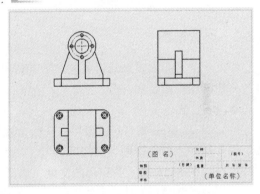

图 8-58　对齐后的工程图

◆ 选项说明：

如果要解除已对齐视图的对齐关系，右键单击该视图，在系统弹出的快捷菜单中选择"视图对齐"，然后选择"解除对齐关系"子菜单即可。

8.6.3　删除视图

对于不需要的视图，可以将其删除。删除视图有两种方式，一种是键盘方式，另一种是右键快捷菜单方式。

入门

草图
绘制

参考几
何体

草绘特
征建模

放置特
征建模

曲线与
曲面

装配体
设计

工程图
绘制

传动体
设计

入门

草图
绘制

参考几
何体

草绘特
征建模

放置特
征建模

曲线与
曲面

装配体
设计

工程图
绘制

传动体
设计

1. 键盘方式

选择要删除的视图。左键单击选择需要删除的视图，按一下键盘中的〈Delete〉键，此时系统弹出如图 8-59 所示的"确认删除"对话框。单击"确认删除"对话框中的"是"按钮，删除该视图。

2. 右键快捷菜单方式

选择要删除的视图。右键单击需要删除的视图，系统弹出如图 8-57 所示的系统快捷菜单，在其中选择"删除"选项。此时系统弹出"确认删除"对话框，单击对话框中的"是"按钮，删除该视图。

图 8-59 "确认删除"对话框

8.6.4 剪裁视图

如果一个视图太复杂或者太大，可以利用"剪裁视图"命令将其剪裁，保留需要的部分。

◆ 执行方式：

"插入"菜单→"工程视图"→"剪裁视图"命令或"工程图"工具栏→"剪裁视图"按钮。

打开如图 8-56 所示的工程图文件，选择主视图。如图 8-60 所示。单击"草图"工具栏中的"圆"按钮，在主视图中绘制一个圆，作为剪裁区域，如图 8-61 所示。执行上述命令，结果如图 8-62 所示。

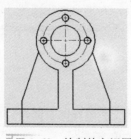

图 8-60 绘制的主视图

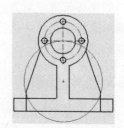

图 8-61 绘制圆后的主视图

◆ 选项说明：

（1）执行"剪裁视图"命令前，必须先绘制好剪裁区域。剪裁区域不一定是圆，可以是其他不规则的图形，但是其必须是不交叉并且封闭的图形。

（2）剪裁后的视图可以恢复为原来的形状。右键单击剪裁后的视图，此时系统弹出如图 8-63 所示的系统快捷菜单，在"剪裁视图"的子菜单中选择"移除剪裁视图"即可。

图 8-62　剪裁后的主视图

图 8-63　系统快捷菜单

8.6.5　隐藏/显示视图

在工程图中，有些视图需要隐藏，比如某些带有派生视图的参考视图。这些视图是不能被删除的，否则将同时删除其派生视图。

◆ 执行方式：

右键快捷菜单→"隐藏"命令。

在图形界面或者在"FeatureManager 设计树"右键单击需要隐藏的视图，执行上述命令，隐藏视图。

◆ 选项说明：

（1）如果该视图带有从属视图，则系统弹出如图 8-64 所示的提示框，根据需要进行相应的设置。

（2）对于隐藏的视图，工程图中不显示该视图的位置。选择菜单栏中的"视图"→"被隐藏视图"命令，可以显示工程图中被隐藏视图的位置，如图 8-65 所示。显示隐藏的视图可以在工程

入门

草图
绘制

参考几
何体

草绘特
征建模

放置特
征建模

曲线与
曲面

装配体
设计

工程图
绘制

传动体
设计

图中对该视图进行相应的操作。

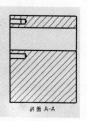

图 8-64　系统提示框　　　　图 8-65　显示被隐藏视图的位置

（3）显示被隐藏的视图和隐藏视图是一对相反的过程，操作方法相同。

8.6.6　隐藏/显示视图中的边线

视图中的边线也可以隐藏和显示。

◆　执行方式：

"线型"工具栏→"隐藏/显示边线"按钮 或右键快捷菜单→"隐藏/显示边线"命令（见图 8-66）

打开如图 8-56 所示的工程图文件，选择主视图，如图 8-67 所示。执行上述命令，弹出如图 8-68 所示的"隐藏/显示边线"属性管理器。单击视图中的边线 1 和边线 2，然后单击"隐藏/显示边线"属性管理器中的"确定"按钮 。结果如图 8-69 所示。

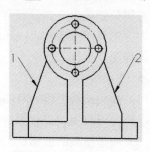

图 8-66　系统快捷菜单　　　　图 8-67　绘制的主视图

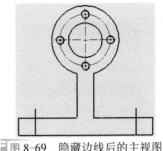

图 8-68 "隐藏/显示边线"
属性管理器

图 8-69 隐藏边线后的主视图

8.7 标注工程视图

工程图绘制完以后，必须在工程视图中标注尺寸、几何公差、表面粗糙度符号及技术要求等其他注释，才能算是一张完整的工程视图。本节主要介绍这些项目的设置和使用方法。

8.7.1 插入模型尺寸

SolidWorks 工程视图中的尺寸标注是与模型中的尺寸相关联的，模型尺寸的改变会导致工程图中尺寸的改变。同样，工程图中尺寸的改变会导致模型尺寸的改变。

◆ 执行方式：

"插入"菜单→"模型项目"命令或"注解"工具栏→"模型项目"按钮 ✍。

打开随书光盘"源文件/8/8.8.1.slddrw"工程图文件，执行上述命令，打开如图 8-70 所示的"模型项目"属性管理器。

◆ 选项说明：

（1）"尺寸"设置框中的"为工程按钮注"一项自动被选中。

（2）如果只将尺寸插入到指定的视图中，取消勾选"将项目

入门

草图
绘制

参考几
何体

草绘特
征建模

放置特
征建模

曲线与
曲面

装配体
设计

工程图
绘制

传动体
设计

输入到所有视图"复选框,然后在工程图选择需要插入尺寸的视图,此时"来源/目标"选项组如图 8-71 所示,自动显示"目标视图"一栏。

图 8-70 "模型项目"属性管理器　图 8-71 "来源/目标"选项组

注意

插入模型项目时,系统会自动将模型尺寸或者其他注解插入到工程图中。当模型特征很多时,插入的模型尺寸会显得很乱,所以在建立模型时需要注意以下几点。

(1)因为只有在模型中定义的尺寸,才能插入到工程图中,所以在创建模型特征时,要养成良好的习惯,并且是草图处于完全定义状态。

(2)在绘制模型特征草图时,仔细地设置草图尺寸的位置,这样可以减少尺寸插入到工程图后调整尺寸的时间。

如图 8-72 所示为插入模型尺寸并调整尺寸位置后的工程图。

352 ○ SolidWorks 2012 中文版工程设计速学通

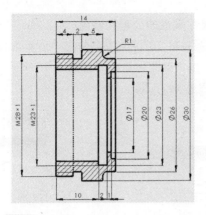

图 8-72　插入模型尺寸后的工程视图

8.7.2　修改尺寸属性

　　插入工程图中的尺寸，可以进行一些属性修改，如添加尺寸
公差、改变箭头的显示样式、在尺寸上添加文字等。

　　单击工程视图中某一个需要修改的尺寸，此时系统弹出"尺
寸"属性管理器。在管理器中，用来修改尺寸属性的通常有 3 个
选项组，分别是："公差/精度"选项组，如图 8-73 所示；"标注
尺寸文字"选项组，如图 8-74 所示；"尺寸界限/引线显示"选项
组，如图 8-75 所示。

图 8-73　"公差/精度"　　　图 8-74　"标注尺寸文字"

　　　属性管理器　　　　　　　　属性管理器

第 8 章 ● 工程图绘制 ○ **353**

入门

草图
绘制

参考几
何体

草绘特
征建模

放置特
征建模

曲线与
曲面

装配体
设计

工程图
绘制

传动体
设计

1. 修改尺寸属性的公差和精度

尺寸的公差共有 10 种类型，单击"公差/精度"设置栏中的"公差类型"下拉菜单即可显示，如图 8-76 所示。下面介绍几个主要公差类型的显示方式。

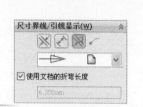

图 8-75 "尺寸界限/引线显示"
属性管理器

图 8-76 公差显示类型

（1）"无"显示类型

以模型中的尺寸显示插入到工程视图中的尺寸，如图 8-77 所示。

（2）"基本"显示类型

以标准值方式显示标注的尺寸，为尺寸加一个方框，如图 8-78 所示。

（3）"双边"显示类型

以双边方式显示标注尺寸的公差，如图 8-79 所示。

（4）"对称"显示类型

以对称方式显示标注尺寸的公差，如图 8-80 所示。

图 8-77 "无"类型

图 8-78 "基本"类型

入门

草图
绘制

参考几
何体

草绘特
征建模

放置特
征建模

曲线与
曲面

装配体
设计

工程图
绘制

传动体
设计

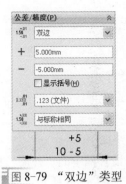

图 8-79 "双边"类型

图 8-80 "对称"类型

2. 修改尺寸属性的标注尺寸文字

使用"标注尺寸文字"设置框，可以在系统默认的尺寸上添加文字合符号，也可以修改系统默认的尺寸。

设置框中的〈DIM〉是系统默认的尺寸，如果将其删除，可以修改系统默认的标注尺寸。将鼠标指针移到〈DIM〉前面或者后面，可以添加需要的文字和符号。

单击选项组下面的"更多"按钮，此时系统弹出如图 8-81 所示的"符合"对话框。在对话框中选择需要的标注符合，然后单击"确定"按钮，符号添加完毕。

如图 8-82 所示为添加文字和符号后的"标注尺寸文字"选项组，如图 8-83 所示为添加符号和文字前的尺寸，如图 8-84 所示为添加符号和文字后的尺寸。

图 8-81 "符号"对话框

图 8-82 设置好的"标注尺寸文字"选项组

第 8 章 ● 工程图绘制 ○ **355**

入门

草图
绘制

参考几
何体

草绘特
征建模

放置特
征建模

曲线与
曲面

装配体
设计

工程图
绘制

传动体
设计

| 10 | 4-⌀10均布 |

图 8-83　默认尺寸　　　　图 8-84　修改后尺寸

3. 修改尺寸属性的箭头位置及样式

使用"尺寸界限/引线显示"设置框，可以设置标注尺寸的箭头位置和箭头样式。

箭头位置有三种形式，分别介绍如下。

- 箭头在尺寸界限外面：单击设置框中的"外面"按钮，箭头在尺寸界限外面显示，如图 8-85 所示。
- 箭头在尺寸界限里面：单击设置框中的"里面"按钮，箭头在尺寸界限里面显示，如图 8-86 所示。
- 智能确定箭头的位置：单击设置框中的"智能"按钮，系统根据尺寸线的情况自动判断箭头的位置。

| 10 | 10 |

图 8-85　箭头在尺寸界限外　　　　图 8-86　箭头在尺寸界限里

箭头有 11 种标注样式，可以根据需要进行设置。单击选项组中的"样式"下拉菜单，如图 8-87 所示，选择需要的标注样式。

图 8-87　箭头标注样式选项

注意

本节介绍的设置箭头样式，只是对工程图中选中的标注进行修改，并不能修改全部标注的箭头样式。如果要修改整个工程图中的箭头样式，可以选择菜单栏中的"工具"→"选项"命令，在系统弹出的对话框中，按照图 8-88 所示进行设置。

入门

草图
绘制

参考几
何体

草绘特
征建模

放置特
征建模

曲线与
曲面

装配体
设计

工程图
绘制

传动体
设计

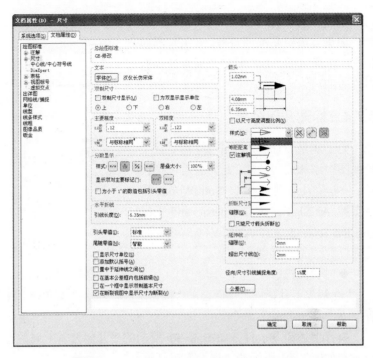

图 8-88　设置整个工程图的箭头样式对话框

设置框中的〈DIM〉是系统默认的尺寸，如果将其删除，可以修改系统默认的标注尺寸。将鼠标指针移到〈DIM〉前面或者后面，可以添加需要的文字和符号。

8.7.3　标注基准特征符号

有些几何公差需要有参考基准特征，需要指定公差基准。

◆ 执行方式：

"注解"工具栏→"基准特征"按钮▲或"插入"菜单→"注解"→"基准特征符号"命令。

执行上述命令，打开"基准特征"属性管理器，如图 8-89所示，并且在视图中出现标注基准特征符号的预览效果。在"基准特征"属性管理器中修改标注的基准特征。

入门

草图
绘制

参考几
何体

草绘特
征建模

放置特
征建模

曲线与
曲面

装配体
设计

工程图
绘制

传动体
设计

◆ 选项说明：

如果要编辑基准面符号，双击基准面符合，在弹出的"基准特征"属性管理器中修改即可。

8.7.4 标注几何公差

为了满足设计和加工需要，需要在工程视图中添加几何公差，几何公差包括代号、公差值及原则等内容。SolidWorks 软件支持 ANSI Y14.5 Geometric and True Position Tolerancing（ANSI Y14.5 几何和实际位置公差）准则。

图 8-89 "基准特征"
属性管理器

◆ 执行方式：

"注解"工具栏→"几何公差"按钮 或"插入"菜单→"注解"→"几何公差"命令

执行上述命令，打开如图 8-90 所示的"几何公差"属性管理器和如图 8-91 所示的"属性"对话框。

图 8-90 "几何公差"　　图 8-91 "属性"对话框
　　属性管理器

◆ 选项说明：

（1）在"几何公差"中的"引线"一栏选择标注的引线样式。单击"属性"对话框中"符号"一栏后面的下拉菜单，如图 8-92 所示，在其中选择需要的几何公差符号；在"公差 1"一栏输入公差值；单击"主要"一栏后面的下拉菜单，在其中选择需要的符合或者输入参考面，如图

图 8-92 "符号"下拉菜单

图 8-93 "主要"下拉菜单

8-93 所示，在其后的"第二"、"第三"一栏中可以继续添加其他基准符号。设置完毕的"属性"对话框如图 8-94 所示。

（2）单击"属性"对话框中的"确定"按钮，确定设置的几何公差，然后视图中出现设置的几何公差，单击调整在视图中的位置即可。如图 8-95 所示为标注几何公差的工程图。

草图绘制

参考几何体

草绘特征建模

放置特征建模

曲线与曲面

装配体设计

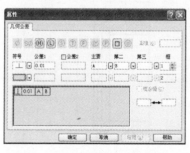

图 8-94 设置好的"属性"对话框

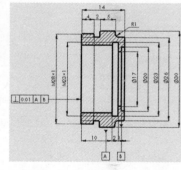

图 8-95 带几何公差的工程图

8.7.5 标注表面粗糙度符号

表面粗糙度表示的零件表面加工的程度，因此必须选择工程图中实体边线才能标注表面粗糙度符号。

◆ 执行方式：

"注解"工具栏→"表面粗糙度符号"按钮√或"插入"菜

入门

草图
绘制

参考几
何体

草绘特
征建模

放置特
征建模

曲线与
曲面

装配体
设计

工程图
绘制

传动体
设计

单→"注解"→"表面粗糙度符号"命令。

执行上述命令，打开"表面粗糙度"属性管理器，如图 8-96 所示。

◆ 选项说明：

（1）单击"符号"设置框中的"要求切削加工"按钮☑；在"符号布局"设置框中的"最大粗糙度"一栏中输入值"3.2"。

（2）选取要标注表面粗糙度符号的实体边缘位置，然后单击鼠标左键确认。

（3）在"角度"设置框中的"角度"一栏中输入值"90"，或者单击"旋转 90 度"按钮▷，标注的粗糙度符号旋转 90°，然后单击鼠标左键确认标注的位置，如图 8-97 所示。

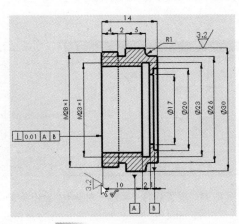

图 8-96 "表面粗糙度"
属性管理器

图 8-97 标注粗糙度符号

8.7.6 添加注释

在尺寸标注的过程中，注释是很重要的因素，如技术要求等。

◆ 执行方式：

"注解"工具栏→"注释"按钮**A**或"插入"菜单→"注解"→"注释"命令。

执行上述命令，打开"注释"属性管理器，单击"引线"设置框中的"无引线"按钮，然后在视图中合适位置单击鼠标左键确定添加注释的位置，如图 8-98 所示。此时系统弹出如图 8-99 所示的"格式化"对话框，设置需要的字体和字号后，输入需要的注释文字。单击"确定"按钮，注释文字添加完毕。

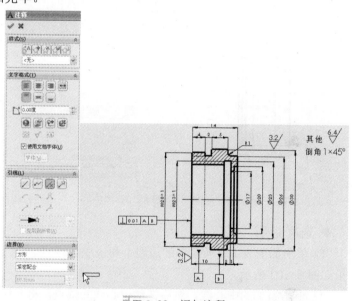

图 8-98　添加注释

图 8-99　"格式化"对话框

入门

草图绘制

参考几何体

草绘特征建模

放置特征建模

曲线与曲面

装配体设计

工程图绘制

传动体设计

入门

草图
绘制

参考几
何体

草绘特
征建模

放置特
征建模

曲线与
曲面

装配体
设计

工程图
绘制

传动体
设计

8.7.7 添加中心线

中心线常应用在旋转类零件工程视图中，本节以添加如图 8-100 所示工程视图的中心线为例说明添加中心线的操作步骤。

◆ 执行方式：

"注解"工具栏→"中心线"按钮或"插入"菜单→"注解"→"中心线"命令。

执行上述命令，打开如图 8-101 所示的"中心线"属性管理器。

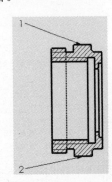

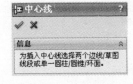

图 8-100　需要标注的视图　　图 8-101　"中心线"属性管理器

◆ 选项说明：

（1）单击如图 8-100 所示中的边线 1 和边线 2，添加中心线，结果如图 8-102 所示。

（2）单击添加的中心线，然后拖动中心线的端点，将其调节到合适的长度，结果如图 8-103 所示。

❋ 注意

在添加中心线时，如果添加对象是旋转面，直接选择即可；如果投影视图中只有两条边线，选择两条边线即可。

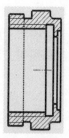

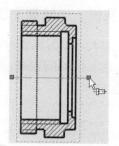

图 8-102　添加中心线后　　　图 8-103　调节中心线长度后
　　　　　的视图　　　　　　　　　　　的视图

　　在工程视图中除了上面介绍的标注类型外，还有其他注解，
例如零件序号、装饰螺纹线、几何公差、孔标注、焊接符号等，
这里不再赘述。如图 8-104 所示为一幅完整的工程图。

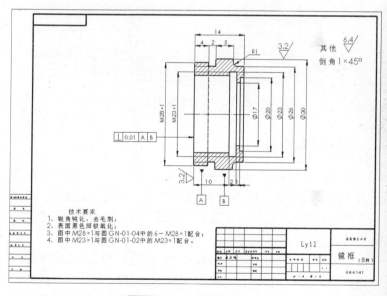

图 8-104　完整的工程图

第 8 章 ● 工程图绘制 ○ 363

入门

草图
绘制

参考几
何体

草绘特
征建模

放置特
征建模

曲线与
曲面

装配体
设计

工程图
绘制

传动体
设计

8.7.8 实例——绘制手压阀装配工程图

本例将利用前面所学的知识，通过如图 8-105 所示的手压阀装配图讲述利用 SolidWorks 的工程图功能创建和使用工程图的一般方法和技巧。

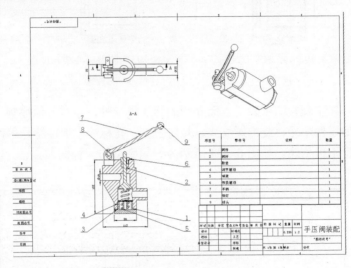

图 8-105 手压阀装配工程图

绘制步骤

（1）单击"标准"工具栏中的"新建"按钮，在弹出的"新建 SolidWorks 文件"对话框中，先单击"工程图"按钮，再单击"确定"按钮，创建一个新的工程图。关闭左侧"模型视图"属性管理器。

（2）单击左下角的"添加图纸"按钮，弹出"SolidWorks"对话框，如图 8-106 所示，单击"确定"按钮，弹出"图纸格式/大小"对话框，勾选"标准图纸大小"单选按钮，选择"A3（GB）"，如图 8-107 所示，单击"确定"按钮，完成图纸的设置，如图 8-108 所示。

图 8-106　"SolidWorks" 对话框　　图 8-107　"图纸格式/大小" 对话框

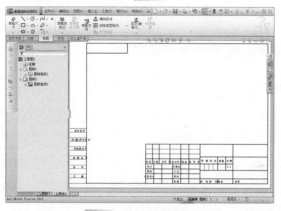

图 8-108　新建图纸

（3）单击"视图布局"工具栏中的"模型视图"按钮，弹出"模型视图"属性管理器，单击"浏览"按钮，弹出"打开"对话框，选择"手压阀装配体"，单击"打开"按钮，在左侧弹出"模型视图"属性管理器，在绘图区显示视图布局，放置前视图，如图 8-109 所示。

（4）依次向不同方向拖曳鼠标，在绘图区放置轴测图，结果如图 8-110 所示。

（5）单击"工程图"属性管理器中的"剖视图"按钮，在前视图中选择剖切线，弹出"剖面视图"对话框，勾选"自动打剖面线"复选框，如图 8-111 所示。单击"确定"按钮，退出对话框，拖曳鼠标，放置剖视图，结果如图 8-112 所示。

入门

草图绘制

参考几何体

草绘特征建模

放置特征建模

曲线与曲面

装配体设计

工程图绘制

传动体设计

入门

草图
绘制

参考几
何体

草绘特
征建模

放置特
征建模

曲线与
曲面

装配体
设计

工程图
绘制

传动体
设计

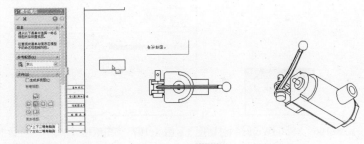

图 8-109　模型布局　　　　　图 8-110　投影视图

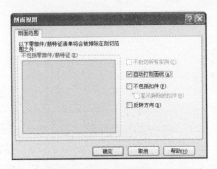

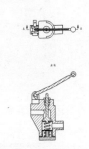

图 8-111　"剖面视图"对话框　　　图 8-112　剖视图

（6）下面为视图创建装配必要的尺寸。选择菜单栏中的"工具"→"标注尺寸"→"智能尺寸"命令，或者单击"注解"工具栏中的"智能尺寸"按钮，标注视图中的尺寸，最终得到的结果如图 8-113 所示。

（7）选择菜单栏中的"插入"→"注解"→"自动零件序号"命令，或者单击"注解"工具栏中的"自动零件序号"按钮，在图形区域分别单击右视图和轴测图将自动生成零件的序号，零件序号会插入到适当的视图中，不会重复。在弹出的属性管理器中可以设置零件序号的布局、样式等，参数设置如图 8-114 所示，生成零件序号的结果如图 8-115 所示。

入门

草图
绘制

参考几
何体

草绘特
征建模

放置特
征建模

曲线与
曲面

装配体
设计

工程图
绘制

传动体
设计

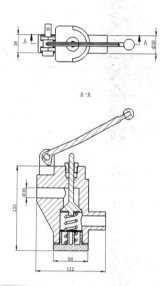

图 8-113　显示尺寸标注　　图 8-114　自动零件序号设置框

（8）下面为视图生成材料明细表，工程图可包含基于表格的材料明细表或基于 Excel 的材料明细表，但不能包含两者。选择菜单栏中的"插入"→"表格"→"材料明细表"命令，或者选择"表格"工具栏中的"材料明细表"按钮，选择刚才创建的右视图，将弹出"材料明细表"属性管理器，设置如图 8-116 所示。单击属性管理器中的"确定"按钮，在图形区域将出现跟随鼠标的材料明细表表格，在图框的右下角单击以确定为定位点。创建明细表后的效果如图 8-117 所示，同时适当调整视图比例。

（9）单击右键弹出快捷菜单，如图 8-118 所示，选择"编辑图纸格式"命令，进入编辑环境，双击修改"图纸名称"，输入"手压阀装配"，修改结果如图 8-105 所示。此工程图即绘制完成。

第 8 章 ● 工程图绘制 ○ **367**

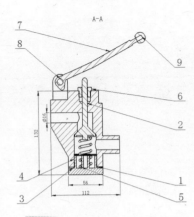

图 8-115 自动生成的零件序号

图 8-116 "材料明细表"
属性管理器

项目号	零件号	说明	数量
1	阀体		1
2	阀杆		1
3	胶垫		1
4	调节螺母		1
5	弹簧		1
6	锁紧螺母		1
7	手柄		1
8	铆钉		1
9	球头		1

标记	处数	分区	更改文件号	签名	年 月 日	阶 段 标 记		重量	比例		"图样名称"	
设计			标准化					0.356	1:2			
校核			工艺								"图样代号"	
主管设计			审核									
			批准			共 1张 第 1张 版本			替代			

图 8-117 添加创建明细表

图 8-118 快捷菜单

入门

草图
绘制

参考几
何体

草绘特
征建模

放置特
征建模

曲线与
曲面

装配体
设计

工程图
绘制

传动体
设计

入门

草图
绘制

参考几
何体

草绘特
征建模

放置特
征建模

曲线与
曲面

装配体
设计

工程图
绘制

传动体
设计

第9章

传动体设计综合实例

本章介绍的传动体属于复杂装配体，主要介绍其建模方法及装配体设计，其内容几乎涵盖实体建模和装配设计的全部知识。通过对本实例的学习，可以将前面章节讲述的 SolidWorks 知识活学活用，以达到学以致用的目的。

9.1　带轮传动头零件设计

带轮传动头的结构图如图 9-1 所示，主要由键、传动轴、带轮、法兰盘和基座 5 个零件组成。本节主要介绍绘制这些零件的设计方法。

9.1.1　键设计

本例绘制的键如图 9-2 所示。

图 9-1　传动装配体

图 9-2　键零件图

🪑 绘制步骤

（1）单击"标准"工具栏中的"新建"按钮 ▢，此时系统弹出"新建 SoildWorks 文件"对话框，单击"零件"按钮 ▨，然后单击"确定"按钮。

入门

草图
绘制

参考几
何体

草绘特
征建模

放置特
征建模

曲线与
曲面

装配体
设计

工程图
绘制

传动体
设计

（2）单击"标准"工具栏中的"保存"按钮，此时系统弹出"另存为"对话框。在"文件名"一栏中输入"键"，然后单击"保存"按钮，创建一个文件名为"键"的零件文件。

（3）在左侧的"FeatureManager 设计树"中用鼠标选择"前视基准面"作为绘制图形的基准面，绘制草图，如图 9-3 所示。

（4）在菜单栏中选择"插入"→"凸台/基体"→"拉伸"命令，将上一步剪裁的草图拉伸为"深度"为"15"的实体。结果如图 9-4 所示。

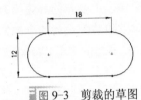

图 9-3　剪裁的草图　　　　　图 9-4　拉伸的草图

（5）单击"视图"工具栏中的"旋转视图"按钮，将视图以合适的方向显示，结果如图 9-5 所示。键绘制完毕，此时键的"FeatureManager 设计树"如图 9-6 所示。

图 9-5　绘制的键　　　　图 9-6　键的"FeatureManager 设计树"

9.1.2　传动轴设计

本例绘制的传动轴如图 9-7 所示。

图 9-7　传动轴零件图

绘制步骤

（1）单击"标准"工具栏中的"新建"按钮，创建一个新的零件文件。

（2）单击"标准"工具栏中的"保存"按钮，此时系统弹出"另存为"对话框。在"文件名"一栏中输入"传动轴"，然后单击"保存"按钮，创建一个文件名为"传动轴"的零件文件。

（3）在左侧的"FeatureManager 设计树"中用鼠标选择"前视基准面"作为绘制图形的基准面。

（4）在菜单栏中选择"工具"→"草图绘制实体"→"圆"命令，以原点为圆心绘制一个直径为 50 的圆。

（5）在菜单栏中选择"插入"→"凸台/基体"→"拉伸"命令，将上一步绘制的草图拉伸为"深度"为 110 的实体，结果如图 9-8 所示。

（6）选择图 9-8 所示的面 1，然后单击"前导"工具栏中的"正视于"按钮 ⬙，将该面作为绘制图形的基准面。

（7）在菜单栏中选择"工具"→"草图绘制实体"→"圆"命令，以原点为圆心绘制一个直径为 30 的圆。

（8）在菜单栏中选择"插入"→"凸台/基体"→"拉伸"命令，将上一步绘制的草图拉伸为深度为 60 的实体。

（9）单击"标准视图"工具栏中的"等轴测"按钮 ⬢，将视图以等轴测方向显示，结果如图 9-9 所示。

（10）重复步骤（7）～（9），绘制另一端轴，轴的大小与图 9-9 中的端轴相同，结果如图 9-10 所示。

面1

▇ 图 9-8　拉伸的图形　　▇ 图 9-9　以等轴测　　▇ 图 9-10　绘制另一端轴
　　　　　　　　　　　　　　　　方向显示

（11）在左侧的"FeatureManager 设计树"中用鼠标选择"上视基准面"，然后单击"参考几何体"工具栏"基准面"按钮 ◈，此时系统弹出如图 9-11 所示的"基准面"属性管理器。在"等距距离"一栏中输入值"15"，并调整设置基准面的方向。单击属性管理器中的"确定"按钮 ✔，添加一个新的基准面，结果如

入门

草图
绘制

参考几
何体

草绘特
征建模

放置特
征建模

曲线与
曲面

装配体
设计

工程图
绘制

传动体
设计

入门

草图
绘制

参考几
何体

草绘特
征建模

放置特
征建模

曲线与
曲面

装配体
设计

工程图
绘制

传动体
设计

图 9-12 所示。

图 9-11 "基准面"属性管理器

图 9-12 添加的基准面

（12）单击上一步添加的基准面，然后单击"前导"工具栏中的"正视于"按钮，将该基准面作为绘制图形的基准面。绘制草图，结果如图 9-13 所示。

（13）在菜单栏中选择"插入"→"切除"→"拉伸"命令，此时系统弹出如图 9-14 所示的"切除-拉伸"属性管理器。按照图示进行设置，注意调整切除拉伸的方向，单击属性管理器中的"确定"按钮。

（14）单击"标准视图"工具栏中的"等轴测"按钮，将视图以等轴测方向显示。结果如图 9-15 所示。

图 9-13 草图　图 9-14 "切除-拉伸"　图 9-15 切除拉伸的图形
属性管理器

（15）绘制另一端的键槽。重复步骤（12）～（14），绘制另一端的键槽，键槽的大小与图 9-15 的键槽相同，结果如图 9-16 所示。传动轴绘制完毕，此时传动轴的"FeatureManager 设计树"如图 9-17 所示。

图 9-16　绘制的传动轴　　图 9-17　传动轴的"FeatureManager 设计树"

9.1.3　带轮设计

本例绘制的带轮如图 9-18 所示。

图 9-18　带轮零件图

绘制步骤

（1）单击"标准"工具栏中的"新建"按钮 □，创建一个新的零件文件。

（2）单击"标准"工具栏中的"保存"按钮 ■，此时系统弹出"另存为"对话框。在"文件名"一栏中输入"带轮"，然后单击"保存"按钮，创建一个文件名为"带轮"的零件文件。

（3）在左侧的"FeatureManager 设计树"中用鼠标选择"前视基准面"作为绘制图形的基准面。绘制草图，结果如图 9-19 所示。

（4）单击"特征"工具栏中的"旋转凸台/基体"按钮 ⚛，此时系统弹出如图 9-20 所示的"旋转"属性管理器。在"旋转轴"一栏中，用鼠标选择图 9-19 中的水平中心线。按照图示进行设置后，单击属性管理器中的"确定"按钮 ✅，结果如图 9-21 所示。

入门

草图绘制

参考几何体

草绘特征建模

放置特征建模

曲线与曲面

装配体设计

工程图绘制

传动体设计

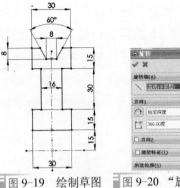

图 9-19 绘制草图　图 9-20 "旋转"属性　图 9-21 旋转的图形
　　　　　　　　　　　　　　　管理器

（5）在左侧的"FeatureManager 设计树"
中用鼠标选择"上视基准面"作为绘制图形
的基准面。绘制草图，结果如图 9-22 所示。

（6）在菜单栏中选择"插入"→"切
除"→"拉伸"命令，此时系统弹出如图 9-23

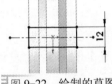

图 9-22　绘制的草图

所示的"切除-拉伸"属性管理器。按照图示进行设置，注意调整
切除拉伸的方向，单击属性管理器中的"确定"按钮 ✓。

（7）单击"标准视图"工具栏中的"等轴测"按钮 🔲，将视
图以等轴测方向显示，结果如图 9-24 所示。带轮绘制完毕，此时
带轮的"FeatureManager 设计树"如图 9-25 所示。

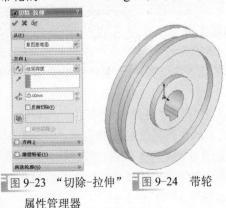

图 9-23　"切除-拉伸"　图 9-24　带轮
属性管理器

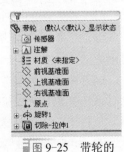

图 9-25　带轮的
"FeatureManager 设计树"

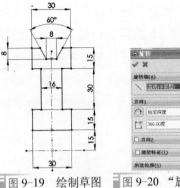

入门

草图
绘制

参考几
何体

草绘特
征建模

放置特
征建模

曲线与
曲面

装配体
设计

工程图
绘制

传动体
设计

9.1.4 法兰盘设计

本例绘制的法兰盘如图 9-26 所示。

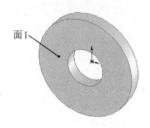图 9-26 法兰盘零件图

绘制步骤

（1）单击"标准"工具栏中的"新建"按钮 ⬜，创建一个新的零件文件。

（2）单击"标准"工具栏中的"保存"按钮 💾，此时系统弹出"另存为"属性管理器。在"文件名"一栏中输入"法兰盘"，然后单击"保存"按钮，创建一个文件名为"法兰盘"的零件文件。

（3）在左侧的"FeatureManager 设计树"中用鼠标选择"前视基准面"作为绘制图形的基准面。绘制草图，如图 9-27 所示。

（4）在菜单栏中选择"插入"→"凸台/基体"→"拉伸"命令，将上一步绘制的草图拉伸为"深度"均为"10"的实体，结果如图 9-28 所示。

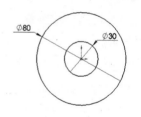

图 9-27 绘制的草图

图 9-28 拉伸的实体

（5）选择图 9-28 所示的面 1，然后单击"标准视图"工具栏中的"正视于"按钮 ↧，将该面作为绘制图形的基准面。绘制草图，如图 9-29 所示。

（6）在菜单栏中选择"插入"→"凸台/基体"→"拉伸"命令，将上一步绘制的草图拉伸为"深度"均为"5"的实体。

（7）单击"视图"工具栏中的"旋转视图"按钮 🔄，将视图以合适的方向显示，结果如图 9-30 所示。

入门

草图绘制

参考几何体

草绘特征建模

放置特征建模

曲线与曲面

装配体设计

工程图绘制

传动体设计

入门

草图
绘制

参考几
何体

草绘特
征建模

放置特
征建模

曲线与
曲面

装配体
设计

工程图
绘制

传动体
设计

（8）选择图 9-30 所示的面 1，然后单击"标准视图"工具栏中的"正视于"按钮 📐，将该面作为绘制图形的基准面。绘制草图，结果如图 9-31 所示。

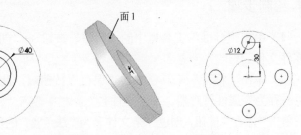

面 1

图 9-29　绘制的草图　　图 9-30　拉伸的图形　　图 9-31　设置基准面

（9）在菜单栏中选择"插入"→"切除"→"拉伸"命令，此时系统弹出"切除-拉伸"属性管理器。在"终止条件"一栏的下拉菜单中，用鼠标选择"完全贯穿"选项，注意调整切除拉伸的方向，单击属性管理器中的"确定"按钮 ✔。

（10）单击"标准视图"工具栏中的"等轴测"按钮 📦，将视图以等轴测方向显示，结果如图 9-32 所示。

（11）在菜单栏中选择"插入"→"特征"→"倒角"命令，或者单击"特征"工具栏中的"倒角"按钮 🔲，此时系统弹出如图 9-33 所示的"倒角"属性管理器。在"距离"一栏中输入值"2"；在"边和线或面"一栏中，用鼠标选择图 9-32 中的边线 1 和边线 2。单击属性管理器中的"确定"按钮 ✔，结果如图 9-34 所示。

（12）单击"视图"工具栏中的"旋转视图"按钮 🔄，将视图以合适的方向显示，结果如图 9-35 所示。法兰盘绘制完毕，此时法兰盘的"FeatureManager 设计树"如图 9-36 所示。

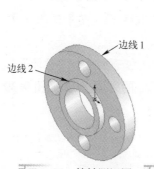

边线 1

边线 2

图 9-32 等轴测视图

图 9-33 "倒角"属性
管理器

图 9-34 倒角图形

图 9-35 绘制的法兰盘

图 9-36 法兰盘的 "Feature
Manager 设计树"

9.1.5　基座设计

本例绘制的基座如图 9-37 所示。

图 9-37　基座

🏃 **绘制步骤**

（1）单击"标准"工具栏中的"新建"按钮□，创建一个新的零件文件。

（2）单击"标准"工具栏中的"保存"按钮🖫，此时系统弹出"另存为"属性管理器。在"文件名"一栏中输入"基座"，然后单击"保存"按钮，创建一个文件名为"基座"的零件文件。

入门

草图
绘制

参考几
何体

草绘特
征建模

放置特
征建模

曲线与
曲面

装配体
设计

工程图
绘制

传动体
设计

入门

草图
绘制

参考几
何体

草绘特
征建模

放置特
征建模

曲线与
曲面

装配体
设计

工程图
绘制

传动体
设计

（3）在左侧的"FeatureManager 设计树"中用鼠标选择"上视基准面"作为绘制图形的基准面。绘制草图，结果如图 9-38 所示。

（4）在菜单栏中选择"插入"→"凸台/基体"→"拉伸"命令，将上一步绘制的草图拉伸为深度为 20 的实体，结果如图 9-39 所示。

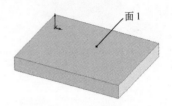

图 9-38　绘制的草图 1　　　　图 9-39　拉伸的图形

（5）选择如图 9-39 所示的面 1，然后单击"标准视图"工具栏中的"正视于"按钮，将该面作为绘制图形的基准面。绘制草图，结果如图 9-40 所示。

（6）在菜单栏中选择"插入"→"凸台/基体"→"拉伸"命令，将上一步绘制的草图拉伸为深度为 60 的实体。

（7）单击"标准视图"工具栏中的"等轴测"按钮，将视图以等轴测方向显示，结果如图 9-41 所示。

（8）选择图 9-41 所示的面 1，然后单击"标准视图"工具栏中的"正视于"按钮，将该面作为绘制图形的基准面，结果如图 9-42 所示。绘制草图，结果如图 9-43 所示。

（9）在菜单栏中选择"插入"→"凸台/基体"→"拉伸"命令，将上一步绘制的草图拉伸为深度为 120 的实体，注意调整拉伸的方向。

（10）单击"标准视图"工具栏中的"等轴测"按钮，将视图以等轴测方向显示，结果如图 9-44 所示。

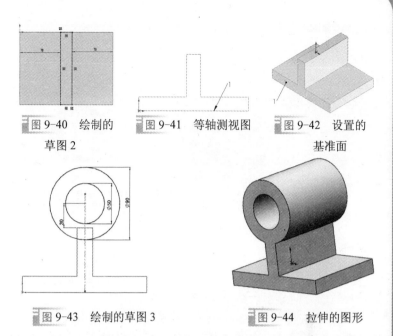

图 9-40 绘制的 草图 2

图 9-41 等轴测视图

图 9-42 设置的 基准面

图 9-43 绘制的草图 3

图 9-44 拉伸的图形

（11）在左侧的"FeatureManager 设计树"中用鼠标选择"前视基准面"，然后单击"参考几何体"工具栏"基准面"按钮 ◈，此时系统弹出如图 9-45 所示的"基准面"属性管理器。在"等距距离"一栏中输入值"60"，并调整设置基准面的方向。单击属性管理器中的"确定"按钮 ✅，添加一个新的基准面，结果如图 9-46 所示。

（12）单击上一步添加的基准面，然后单击"标准视图"工具栏中的"正视于"按钮 ↧，将该基准面作为绘制图形的基准面。绘制如图 9-47 所示的草图并标注尺寸。

（13）在菜单栏中选择"插入"→"凸台/基体"→"拉伸"命令，此时系统弹出如图 9-48 所示的"凸台-拉伸"属性管理器。在"终止条件"一栏的下拉菜单中用鼠标选择"两侧对称"选项；在"深度"一栏中输入值"20"，单击属性管理器中的"确定"按钮 ✅。

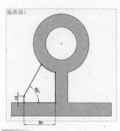

图 9-45 "基准面"　　图 9-46 添加基准面　　图 9-47 绘制的草图 4
属性管理器

（14）单击"视图"工具栏中的"旋转视图"按钮 🔁，将视图以合适的方向显示，结果如图 9-49 所示。

（15）在左侧的"FeatureManager 设计树"中用鼠标选择"右视基准面"，然后在菜单栏中选择"插入"→"参考几何体"→"基准面"命令，此时系统弹出如图 9-50 所示的"基准面"属性管理器。在"等距距离"一栏中输入值"80"，并调整设置基准面的方向。单击属性管理器中的"确定"按钮 ✅，添加一个新的基准面，结果如图 9-51 所示。

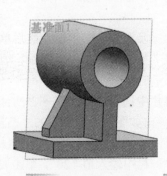

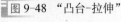

图 9-48 "凸台-拉伸"　　图 9-49 拉伸的图形　　图 9-50 "基准面"
属性管理器　　　　　　　　　　　　　　　　属性管理器

入门

草图绘制

参考几何体

草绘特征建模

放置特征建模

曲线与曲面

装配体设计

工程图绘制

传动体设计

（16）在菜单栏中选择"插入"→"阵列/镜像"→"镜像"命令，此时系统弹出如图9-52所示的"镜像"属性管理器。在"镜像面/基准面"一栏中，用鼠标选择第（11）步添加的基准面，即图9-51中的基准面2；在"要镜像的特征"一栏中，用鼠标选择第（13）步拉伸的实体，即图9-51中拉伸的实体。单击属性管理器中的"确定"按钮 ✅。

入门

草图绘制

参考几何体

草绘特征建模

放置特征建模

曲线与曲面

装配体设计

工程图绘制

传动体设计

图9-51 添加的基准面　　图9-52 "镜像"属性管理器

（17）单击"视图"工具栏中的"旋转视图"按钮 🔄，将视图以合适的方向显示，结果如图9-53所示。

（18）在菜单栏中选择"视图"→"基准面"命令，取消视图中基准面的显示，结果如图9-54所示。

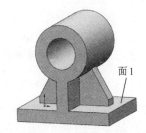

图9-53 镜像的图形　　图9-54 隐藏基准面的图形

（19）设置基准面。选择图9-54所示的面1，然后单击"标

第9章 ● 传动体设计综合实例 ○ **381**

入门

草图
绘制

参考几
何体

草绘特
征建模

放置特
征建模

曲线与
曲面

装配体
设计

工程图
绘制

传动体
设计

准视图"工具栏中的"正视于"按钮⬒，将该面作为绘制图形的基准面。

（20）在菜单栏中选择"插入"→"特征"→"钻孔"→"向导"命令，或者单击"特征"工具栏中的"异型孔向导"按钮🖳，此时系统弹出如图 9-55 所示"孔规格"属性管理器。按照图示进行设置后，单击"位置"按钮，然后用鼠标在上一步设置的基准面上添加 4 个点，并标注点的位置，结果如图 9-56 所示。单击属性管理器中的"确定"按钮✔，完成柱形沉头孔的绘制。

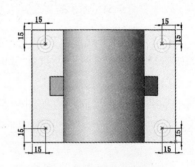

图 9-55 "孔规格"属性管理器　　图 9-56 标注孔的位置

（21）单击"视图"工具栏中的"旋转视图"按钮🔁，将视图以合适的方向显示，结果如图 9-57 所示。

（22）选择图 9-57 所示的面 1，然后单击"标准视图"工具栏中的"正视于"按钮⬒，将该面作为绘制图形的基准面。

图 9-57 添加的柱形沉头孔

（23）在菜单栏中选择"插入"→"特征"→"孔"→"向导"命令，或者单击"特征"工具栏中的"异型孔向导"按钮 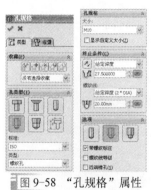，此时系统弹出如图9-58所示"孔规格"属性管理器。按照图示进行设置后，单击"位置"按钮，然后用鼠标在上一步设置的基准面上添加一个点，并标注点的位置，结果如图9-59所示。单击属性管理器中的"确定"按钮 ✔️，完成螺纹孔的绘制。

（24）单击"标准视图"工具栏中的"等轴测"按钮 ，将视图以等轴测方向显示，结果如图9-60所示。

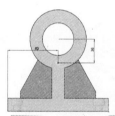

图9-58 "孔规格"属性　　　图9-59 标注孔　　图9-60 添加的螺
　　　管理器　　　　　　　的位置　　　　　纹孔

（25）在菜单栏中选择"视图"→"临时轴"命令，显示视图中的临时轴，结果如图9-61所示。

（26）单击"特征"工具栏中的"圆周阵列" 按钮 ，此时系统弹出如图9-62所示的"圆周阵列"属性管理器。在"阵列轴"一栏中，用鼠标选择图9-61中的临时轴1；在"要阵列的特征"一栏中，用鼠标选择第（23）步添加的螺纹孔，即图9-60中的螺纹孔。按照图示进行设置后，单击属性管理器中的"确定"按钮 ✔️，结果如图9-63所示。

（27）重复步骤（22）～（26），绘制轴套另一端的螺纹孔，规格为M10。

第9章 ● 传动体设计综合实例 ○ 383

图 9-61　显示临时轴的图形　　图 9-62　"圆周阵列"属性管理器

（28）在菜单栏中选择"视图"→"临时轴"命令，隐藏视图中的临时轴，结果如图 9-64 所示。

图 9-63　圆周阵列的螺纹孔

图 9-64　隐藏临时轴的图形

（29）在菜单栏中选择"插入"→"特征"→"圆角"命令，或者单击"特征"工具栏中的"圆角"按钮，此时系统弹出如图 9-65 所示"圆角"属性管理器。在"半径"一栏中输入值"20"，在"边线、面、特征和环"一栏中用鼠标选择图 9-64 中底座的 4 条竖直边线。单击属性管理器中的"确定"按钮，结果如图 9-66 所示。

（30）单击"视图"工具栏中的"旋转视图"按钮，将视图以合适的方向显示，结果如图 9-67 所示。基座绘制完毕，此时基座的"FeatureManager 设计树"如图 9-68 所示。

入门

草图绘制

参考几何体

草绘特征建模

放置特征建模

曲线与曲面

装配体设计

工程图绘制

传动体设计

图 9-65　"圆角"属性管理器　　　图 9-66　圆角的图形

图 9-67　绘制的基座　　　图 9-68　基座的"FeatureManager 设计树"

9.2　传动装配体

本节将上节绘制的零件实例组装为一个装配体文件。下面将介绍装配体设计实例的操作过程。

 绘制步骤

9.2.1　创建装配图

（1）创建装配体文件。选择菜单栏中的"文件"→"新建"

入门

草图绘制

参考几何体

草绘特征建模

放置特征建模

曲线与曲面

装配体设计

工程图绘制

传动体设计

命令，或者单击"标准"工具栏中的"新建"按钮，此时系统弹出"新建 SoildWorks 文件"对话框，在其中选择"装配体"按钮，然后单击"确定"按钮，创建一个新的装配体文件。

（2）保存文件。选择菜单栏中的"文件"→"保存"命令，或者单击"标准"工具栏中的"保存"按钮，此时系统弹出"另存为"对话框。在"文件名"一栏中输入"传动装配体"，然后单击"保存"按钮，创建一个文件名为"传动装配体"的装配体文件。

图 9-69　"插入零部件"
属性管理器

（3）选择零件。选择菜单栏中的"插入"→"零部件"→"现有零件/装配体"命令，此时系统弹出如图 9-69 所示的"插入零部件"对话框。单击"浏览"按钮，此时系统弹出如图 9-70 所示的"打开"对话框，在其中选择需要的零部件，即基座。单击"打开"按钮，此时所选的零部件显示在"插入零部件"属性管理器的"打开文档"一栏中，并在视图区域中出现，如图 9-71 所示。

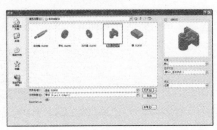

图 9-70　"打开"对话框

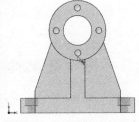

图 9-71　选择零件后的视图

（4）确定插入零件位置。在视图区域中，在合适的位置单击鼠标左键，放置该零件。结果如图 9-72 所示。

（5）插入传动轴零件。选择菜单栏中的"插入"→"零部件"→"现有零件/装配体"命令，插入传动轴。具体步骤可以参考上面的介绍，将传动轴插入到图中合适的位置，结果如图 9-73 所示。

图 9-72　插入基座后的视图

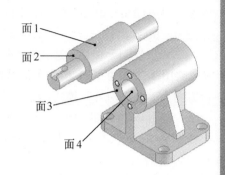

面1
面2
面3
面4

图 9-73　插入传动轴后的视图

（6）添加配合关系。选择菜单栏中的"插入"→"配合"命令，或者单击"装配体"工具栏中的"配合"按钮，此时系统弹出"配合"属性管理器。用鼠标选择图 9-73 中的面 1 和面 4，单击属性管理器中的"同轴心"按钮，如图 9-74 所示。将面 1 和面 4 添加为"同轴心"配合关系，然后单击属性管理器中的"确定"按钮。重复此命令，将图 9-73 中面 2 和面 3 添加为距离为 5 的配合关系，注意轴在轴套的内侧。结果如图 9-75 所示。

图 9-74　设置的配合关系

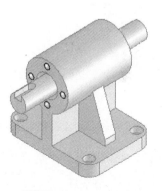

图 9-75　配合后的视图

入门

草图
绘制

参考几
何体

草绘特
征建模

放置特
征建模

曲线与
曲面

装配体
设计

工程图
绘制

传动体
设计

（7）插入法兰盘零件。选择菜单栏中的"插入"→"零部件"→"现有零件/装配体"命令，插入法兰盘。具体步骤可以参考上面的介绍，将法兰盘插入到图中合适的位置，结果如图 9-76 所示。

（8）添加配合关系。选择菜单栏中的"插入"→"配合"命令，将图 9-76 中的面 1 和面 2 添加为"重合"几何关系，注意配合方向为"反向对齐"模式。结果如图 9-77 所示。重复"配合"命令，将图 9-77 中的面 1 和面 2 添加为"同轴心"配合关系。结果如图 9-78 所示。

（9）插入另一端法兰盘。重复步骤（7）～（8），插入基座另一端的法兰盘。结果如图 9-79 所示。

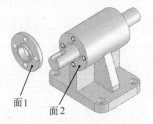

图 9-76　插入法兰盘后的视图　　　图 9-77　重合配合后的视图

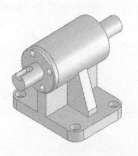

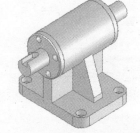

图 9-78　同轴心配合后的视图　　图 9-79　插入另一个法兰盘后的视图

（10）插入键零件。选择菜单栏中的"插入"→"零部件"→"现有零件/装配体"命令，插入键。具体步骤可以参考上面的介绍，将键插入到图中合适的位置。结果如图 9-80 所示。

（11）添加配合关系。选择菜单栏中的"插入"→"配合"命令，将图 9-80 中的面 1 和面 2、面 3 和面 4 添加为"重合"几何关系。结果如图 9-81 所示。

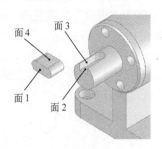

图 9-80　插入键后的视图　　　图 9-81　重合配合后的视图

（12）设置视图方向。单击"视图"工具栏中的"旋转视图"按钮 🔄，将视图以合适的方向显示。结果如图 9-82 所示。

（13）添加配合关系。选择菜单栏中的"插入"→"配合"命令，将图 9-82 中的面 1 和面 2 添加为"同轴心"几何关系。

（14）设置视图方向。单击"标准视图"工具栏中的"等轴测"按钮 🔲，将视图以等轴测方向显示。结果如图 9-83 所示。

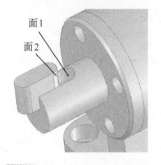

图 9-82　设置方向后的视图　　　图 9-83　等轴测视图

（15）插入带轮零件。选择菜单栏中的"插入"→"零部件"→"现有零件/装配体"命令，插入带轮。具体步骤可以参考上面的介绍，将带轮插入到图中合适的位置。结果如图 9-84 所示。

入门

草图
绘制

参考几
何体

草绘特
征建模

放置特
征建模

曲线与
曲面

装配体
设计

工程图
绘制

传动体
设计

（16）添加配合关系。选择菜单栏中的"插入"→"配合"命令，将图 9-84 中的面 1 和面 2 添加为"重合"几何关系，注意配合方向为"反向对齐"模式。结果如图 9-85 所示。重复"配合"命令，将图 9-85 中的面 1 和面 2 添加为"重合"几何关系，注意配合方向为"反向对齐"模式。结果如图 9-86 所示。

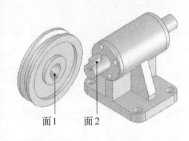

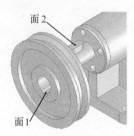

图 9-84　插入带轮后的视图　　　　图 9-85　重合配合后的图形

（17）设置视图方向。单击"视图"工具栏中的"旋转视图"按钮🔄，将视图以合适的方向显示。结果如图 9-87 所示。

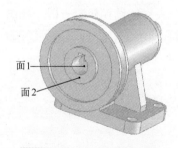

图 9-86　重复重合配合后的图形　　　图 9-87　设置方向后的视图

（18）添加配合关系。选择菜单栏中的"插入"→"配合"命令，将图 9-87 中的面 1 和面 2 添加为"重合"几何关系。

（19）设置视图方向。单击"标准视图"工具栏中的"等轴测"按钮🔲，将视图以等轴测方向显示。结果如图 9-88 所示。装配体装配完毕，装配体的"FeatureManager 设计树"如图 9-89 所示，配合关系如图 9-90 所示。

图 9-88 完整的装配体　　图 9-89 装配体的"FeatureManager 设计树"

入门

草图
绘制

参考几
何体

草绘特
征建模

放置特
征建模

曲线与
曲面

装配体
设计

工程图
绘制

传动体
设计

（20）执行装配体统计命令。选择菜单栏中的"工具"→"AssemblyXpert"命令，此时系统弹出如图 9-91 所示的"AssemblyXpert"对话框，对话框中显示了该装配体的统计信息。

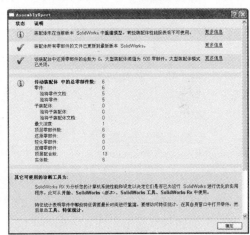

图 9-90 装配体配合列表　　图 9-91 "AssemblyXpert"对话框

（21）确认装配体统计信息。单击"装配体统计"对话框中的"确定"按钮，关闭该对话框。

9.2.2　创建爆炸视图

（1）执行"爆炸"命令。选择菜单栏中的"插入"→"爆炸视图"命令，此时系统弹出如图 9-92 所示的"爆炸"属性管理器。单击属性管理器中"操作步骤"、"设定"及"选项"各选项组右

入门

草图
绘制

参考几
何体

草绘特
征建模

放置特
征建模

曲线与
曲面

装配体
设计

工程图
绘制

传动体
设计

上角的箭头，将其展开。

（2）爆炸带轮。在"设定"复选框中的"爆炸步骤零部件"一栏中，用鼠标选择视图中或者装配体"FeatureManager 设计树"中的"带轮"零件，按照图 9-93 所示进行设置，此时装配体中被选中的零件被亮显并且预览爆炸效果，如图 9-94 所示。单击图 9-93 中的"完成"按钮，对"带轮"零件的爆炸完成，并形成"爆炸步骤 1"。

图 9-92　"爆炸"属性管理器　　　　图 9-93　爆炸设置

（3）爆炸键。在"设定"复选框中的"爆炸步骤零部件"一栏中，用鼠标选择视图中或者装配体"FeatureManager 设计树"中的"键"零件，单击视图中显示爆炸方向坐标的竖直向上方向，如图 9-95 所示。

图 9-94　爆炸预览视图　　　　图 9-95　设置爆炸方向 1

入门

草图
绘制

参考几
何体

草绘特
征建模

放置特
征建模

曲线与
曲面

装配体
设计

工程图
绘制

传动体
设计

（4）生成爆炸步骤。按照图 9-96 对爆炸零件进行设置，然后单击图 9-96 中的"完成"按钮，完成对"键"零件的爆炸操作，并形成"爆炸步骤 2"，结果如图 9-97 所示。

图 9-96　爆炸设置

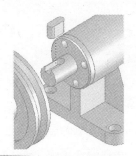

图 9-97　爆炸后的视图 1

（5）爆炸法兰盘 1。在"设定"复选框中的"爆炸步骤零部件"一栏中，用鼠标选择视图中或者装配体"FeatureManager 设计树"中的"法兰盘 1"零件，单击视图中显示爆炸方向坐标的向左侧的方向，如图 9-98 所示。

（6）生成爆炸步骤。按照图 9-99 所示进行设置后，单击"完成"按钮，对"法兰盘 1"零件的爆炸完成，并形成"爆炸步骤 3"，结果如图 9-100 所示。

图 9-98　设置爆炸方向 2

图 9-99　生成爆炸步骤的设置

第 9 章　传动体设计综合实例　393

（7）设置爆炸方向。在"设定"复选框中的"爆炸步骤零部件"一栏中，用鼠标选择上一步爆炸的法兰盘，单击视图中显示爆炸方向坐标的竖直向上方向，如图9-101所示。

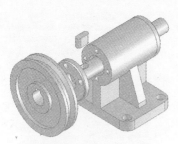

图9-100　爆炸后的视图2

图9-101　设置爆炸方向3

（8）生成爆炸步骤。按照图9-102所示进行设置后，单击"完成"按钮，对"法兰盘1"零件的爆炸完成，并形成"爆炸步骤4"，结果如图9-103所示。

图9-102　爆炸设置

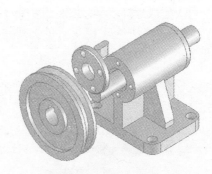

图9-103　爆炸后的视图3

（9）爆炸法兰盘2。在"设定"复选框中的"爆炸步骤零部件"一栏中，用鼠标选择视图中或者装配体"FeatureManager 设计树"中的"法兰盘 2"零件，单击视图中显示爆炸方向坐标的竖直向上的方向，如图9-104所示。

394 ○ SolidWorks 2012 中文版工程设计速学通

（10）生成爆炸步骤。按照图 9-105 所示进行设置后，单击"完成"按钮，对"法兰盘 2"零件的爆炸完成，并形成"爆炸步骤 5"，结果如图 9-106 所示。

图 9-104　设置爆炸方向 4　　　　图 9-105　爆炸设置

（11）爆炸传动轴。在"设定"复选框中的"爆炸步骤零部件"一栏中，用鼠标选择视图中或者装配体"FeatureManager 设计树"中的"传动轴"零件，单击视图中显示爆炸方向坐标的向左侧的方向，如图 9-107 所示，并单击"爆炸方向"一栏前面的"反向"按钮 ，调整爆炸的方向。

图 9-106　爆炸后的视图 4　　　　图 9-107　设置爆炸方向 5

第 9 章 ● 传动体设计综合实例 ○ **395**

入门

草图
绘制

参考几
何体

草绘特
征建模

放置特
征建模

曲线与
曲面

装配体
设计

工程图
绘制

传动体
设计

（12）生成爆炸步骤。按照如图 9-108 所示进行设置后，单击"完成"按钮，完成对"传动轴"零件的爆炸操作，并形成"爆炸步骤 6"，结果如图 9-109 所示。

图 9-108　爆炸设置　　　　图 9-109　爆炸后的视图 5

CAD/CAM/CAE 工程应用丛书

打造 CAD 图书领域的"中国制造"

丛书特色

- **历久弥新**：为响应国家"两化融合"的号召，机工社历经十年倾力打造本系列丛书，丛书每年重印率达 90%、改版率达 50%，已成为国内 CAD 图书领域的最经典套系之一。

- **专业实用**：丛书内容涉及机械设计、有限元分析、制造技术应用、流场分析、建筑施工图、室内装潢图、水暖电布线图和建筑总图等，可以快速有效地帮助读者解决实际工程问题。

- **品种丰富**：本丛书目前销品种近 200 种，产品包含了 CAX 领域全部主流应用软件和应用领域，包括 AutoCAD，UG，Pro/E，MATLAB，SolidWorks，HyperWorks，ANSYS，Mastercam，Inventor 等。

- **经典畅销**：经典畅销书层出不穷，累计销售过万册的品种达数十种。像《AutoCAD 室内装潢设计》、《UG NX 7.5 完全自学手册》、《Pro/ENGINEER Wildfire5.0 从入门到精通》、《ANSYS 结构分析工程应用实例解析》等书整体销量已过 3 万册。

- **配套资源丰富**：几乎每本书都提供配有书中实例素材、操作视频、PPT 课件等资源，方便读者的理解和学习，以达到事半功倍的效果。

- **金牌作者云集**：拥有一大批行业专家和畅销书作者，如唐湘民、韩凤起、钟日铭、江洪、张朝晖和张忠将等。

丛书介绍

书名：UG NX 8.0 完全自学手册 第 2 版
书号：978-7-111-38414-4
作者：钟日铭 等
定价：75.00 元

★本书以 UG NX 8.0 中文版为软件操作基础，结合典型范例循序渐进地介绍 NX 8.0 中文版的软件功能和实战应用知识。本书知识全面、实用，共分 9 章，内容包括 UG NX 8.0 入门简介及基本操作、草图、空间曲线与基准特征、创建实体特征、特征操作及编辑、曲面建模、装配设计、工程图设计、UG NX 中国工具箱应用与同步建模。

书名：SolidWorks 2011机械设计完全实例教程

书号：978-7-111- 36514-3

作者：张忠将 等

定价：62.00 元

★本书紧密结合实际应用，以众多精彩的机械设计实例为引导，详细介绍了 SolidWorks 从模型创建到出工程图，再到模型分析和仿真等的操作过程。本书实例涵盖典型机械零件、输送机械、制动机械、农用机械、紧固和夹具、传动机构和弹簧/控制装置等的设计。

书名：HyperMesh&HyperView 应用技巧与高级实例

书号：978-7-111- 39535-5

作者：王钰栋 等

定价：99.00 元

★本书分两部分，前一部分主要介绍 HyperMesh 有限元前处理软件，包括 HyperMesh 的基础知识、几何清理、2D 网格划分、3D 网格划分、1D 单元创建、航空应用和主流求解器接口介绍，还包括关于 HyperMesh 的用户二次开发功能。后一部分主要介绍 HyperView、HyperGraph 等有限元后处理软件，包括用 HyperView 查看结果云图、变形图、结果数据、创建截面、创建测量点、报告模板等，用 HyperGraph 建立数据曲线、曲线的数据处理和三维曲线曲面的创建、处理等。

书名：奥宾学院大师系列：AutoCAD MEP 2011

书号：978-7-111- 39432-7

作者：[美]Paul F. Aubin 等著；王申 等译

定价：129.00 元

★本书是目前国内针对 AutoCAD®MEP 软件介绍、应用举例的权威用书，深入浅出地阐述了 AutoCAD®MEP 2011 的各项功能，对 AutoCAD MEP 软件的工作方法、基本原理和操作步骤进行了详细的介绍，并通过项目样例系统地介绍了如何使用该软件进行水、暖、电设计，更简明扼要地展示了如何进行各专业之间的协同。本书还特别介绍了如何创建各种类型的内容构件，字里行间的提示和小技巧亦是本书亮点之一，这些知识点均由本书作者通过积累多年的实战经验总结而成，为广大读者的实践旅程提供了捷径。